建築Library13



# 職人が語る「木の技」

特定非営利活動法人　木の建築フォラム編
安藤邦廣

編集／建築思潮研究所
発行／建築資料研究社

# 目次

## 山に生きる



## 木を活かす

## 技を受け継ぐ

# 口絵

野田和樽

右頁写真右上／山口清志さんの出作り小屋と丸木橋。小屋は豪雪に対処するために軒が高く、頑丈なつくりになっている（写真／居島真紀・30～36頁）
左上／ロープを使ってしゃくとり虫のように登り、幹に足をからませ真っ逆さまに滑り降りる枝打ち師の山本総助さん（写真提供／阿部塗装店・37～43頁）
右下／へらを使って桧の皮を剥ぐ原皮師の藤本昭一さん（44～50頁）　左下／則板を組み立てタガを締める和樽職人の玉ノ井芳雄さん（93～99頁）

写真上／山形県米沢市入田沢での馬を使った木出し風景（写真提供／口田沢の馬車屋高橋一さん・23～29頁）　下／樹齢約３５０年の松を挽く木挽きの林以一さん左側（72頁～78頁）

岐阜県白川村で再現された石場かち。大綱が引かれ撞木が吊り上がる（121～125頁）

左官職人の久保田騎志夫さんの手による土佐漆喰彫刻と水切り瓦（133～139頁）

写真上／京都府大宮町に残る笹葺きの民家（182~188頁）　下／新潟県関川村渡辺家住宅の木羽葺き石置き屋根を葺く鈴木弘さん（189~195頁）

# まえがき――木の文化の再生を目指して

地球環境問題が深刻化する中で木の文化が見直されています。地球温暖化を防ぐうえで、衰退した森林の回復がもっとも確実な方策として、世界各国の取り組みをまとめた京都議定書は、21世紀における木の文化の再生の第一歩を記すものといえます。森林の保全と木材利用の調和を計るための智恵の集大成、それを木の文化と呼ぶならば、日本はまさに木の文化の再生を目指すために、できうる限りをつくしてその責務を果たす必要があります。

日本は世界最古の木造建築である法隆寺と世界最大の木造建築である東大寺をあわせ持つ、世界に誇る木の文化の国であることはいうまでもないところです。山で木を育て、川で木を流し、木の家で暮らす、その循環が地域毎に成り立ってきたかたち、それが日本の木の文化といえます。ところが戦後、日本は近代化を急ぐあまり、このなれ親しんできた木の文化を忘れ去り、気がついてみれば身の回りの環境から木は遙かに遠のいた存在となってしまいました。日本で毎年新築される住宅のうち木造住宅の占める割合は40％以下にとどまっており、また木材の自給率は年々減少の一途をたどり、いまや20％を下回っているのが実状です。戦前までの日本では住宅の99％が木造で、そのほとんどが国産の木でつくられてきたことを考えると、戦後日本の木の文化の衰退はそこに歴然と現れています。

このように、木の文化を再評価する気運が高まる一方で、日本の木の文化の継承は危機的な状況にあるというのが本当のところなのです。このままでは、日本の木の文化は、法隆寺や東大寺に代表される歴史的な遺産としてのみの存在になりかねません。何とか戦後の空白を埋め、木の文化を継承する取り組みが急務といえます。

木造建築についていえば、戦後の近代化のなかで、木造が現代の技術として大学の研究、教育の対象となったのは、木造が再評価され始めた近年のことであって、それまでは歴史的な研究対象にすぎなかったのです。木造の技術体系は大工をはじめとする職人の技の中にのみ受け継がれているので、その後継者が途絶えることは、長い伝統に培われてきた日本の多様な木造技術が失われることを意味します。その継承のためには、後継者の育成が急務であることはもちろんですが、職人の技を専門家が研究し、それをいわば翻訳して、木造建築を支える多くの人々が共有する必要があります。

本書はこのような認識のもとに、木の文化を担ってきた職人の技を尋ねて、山深く分け入り、下町の仕事場を巡り、そこに木造再生の糸口を探ろうとする試みです。そしてまた、このような素朴な問いかけに応えて、自らの技を静かに語ってくれた職人の語録でもあります。

## 山に生きる

戦後植林された人工林が育ち、数字の上では、日本の森林の年間の成長量だけで、日本の現在の木材使用量の約70%をまかなえる程にその蓄積を増し、その利用効率を上げれば永続的に自給することも夢ではないのです。それにも拘わらず、国産材の需要の低迷に解決の糸口を見いだすことができません。人工林は定期的に間伐を繰り返さなければ木は立派に育ちません。ところが間伐される中小径木が売れないために林業経営が成り立たない。その結果多くの林家が経営意欲を失い、膨大な人工林が放置され、日本の森林は荒廃の一途をたどっているといっても過言ではありません。

森をいかに守り育てるか。これはしかし、森林の国日本で、いつの時代においても変わらぬ課題であったこともまた事実です。森林を生活の基盤としてきた日本は、気候変動や人為的な要因により森林の姿が一変し、また荒廃した歴史を繰り返し、そのたびに森林の管理技術や木材の利用技術を開発して、その変化に対応してきたといえます。山に生きてきた職人達の技にはこのような日本の森を活かす智恵が受け継がれています。

本書の第1部では、まず山に生きる人々の技を尋ねます。その起源を縄文時代に遡る山の文化は日本の基層文化であり、そこには木の文化の原点をみることができます。そこに立ち返ることで、今日の日本の森林を活かす手がかりを得ることができるはずです。

## 木を活かす

日本の木造建築は、戦後の高度成長時代30年の空白の間にすっかり元気を失ってしまいました。技術は使われることで常に革新され、時代の要請にあわせて発達します。そうでなければその技術の衰退はさけられないところです。戦争とその復旧で丸裸になった日本の森林資源が回復するまでの間に、日本の木造をかろうじて支えたのは外材でした。この外材への依存はさらに外来の木造技術の導入を促しました。その結果、日本の在来の木造技術は、時代に合わないものとして取り残され、活力を失ってきたのです。

今日、日本の森林資源が回復したからといって、即、日本の在来の木造技術が活気を取り戻すという単純な話でもないのです。その空白を埋めるためには、日本の歴史上に登場した多様な木造技術を点検し、現代の条件に合致する技術を見いだし、応用する必要があります。それと同時に建築に限らず日本の木の文化全般に関心を広げ、それらと木造建築技術を比べて相対化する視点が不可欠です。そのような試みを繰り返す中に現代の木造建築再生の道筋が見えてくるといえます。

第2部に登場する職人はこのような日本の木の文化を継承する各種の職人で、そこには建築とはひと味違う木の活かし方を見いだすことができるという点で、新鮮で刺激的です。振り返ってみれば、日本人は実に多くの生活用品を木でつくってきたことに気付きます。食器や家具はもちろんのこと、樽や桶、水車、船など水につかって腐れやすいものにも、樹種を選び、技を尽くして用に応えたものを作りあげてきたのです。このような困難な条件を乗り越えた技は、たとえそのものが今では木でつくる必要がなくなったとしても、過去のものとして忘れてはならないのです。その技は同じ条件を持つ、違うものをつくると

めて驚かされるばかりです。日本に伝えられてきた木の文化の幅の広さと、奥の深さに改めて驚かされるばかりです。

## 技を受け継ぐ

木造建築の技を受け継ぐ職人の高齢化と後継者不足は深刻な問題です。木造建築は大工の他に左官、屋根、建具といった各職種の連携でつくられ、各職人が技を競い合う中で優れた仕事が生まれてきたといえます。そのような仕事の現場こそが職人の技能継承の場であり、後継者育成の機会なのですが、木造建築の戦後の空白は、このような技能継承の側面においても深刻な打撃を与えました。職人がいなければ、あるいは木を使いこなす技術がなければ、たとえ山から木がたくさん出てきても、それは宝の持ち腐れというものです。

職人の技には見るものを惹き付ける何かがあります。自在に道具を操る身のこなしと、その手を加えられた仕事の鮮やかさに感嘆の声をあげない人はいないでしょう。職人に言葉はいらないとはよくいわれることですが、それはこのような仕事ぶりが、言葉よりずっと端的にすべてを物語っているからです。また、職人の技は教えるものではなく、盗むものだともいいます。これも言葉で教えられるより見てまねる方がずっと早く確かだからです。したがってこのような職人気質も、仕事を日常的に見る機会があって初めて意味を持つものといえます。

第3部では木造建築をつくる各職人を尋ね、伝統を受け継ぎながら現代の要請に取り組む姿を伝えます。少なくなったとはいえ優れた技を持つ職人はまだ健在です。いまこの機会に、たとえ言葉で尽くせるものではないとしても、その技の一端でも多くの人に伝えることで、木の文化に関心を持つ人や木造建築を学ぼうとする人が、そして木造建築を志す若い人が一人でも増えることになれば、本書の目的は達成されたことになります。

治療を施された茨城県美里村のしだれ桜（写真提供／日本樹木保護協会）

# 木に触れ、木と語り合う

樹医　山野忠彦

明治33年に大阪で生まれ、3歳から47歳まで朝鮮半島で暮らす。幼い頃から自然に親しみ、戦前大規模な山林を経営。日本に帰国後、各地の神社仏閣の傷んだ巨木・老木を元の姿に戻すことを一生の仕事と決心する。この時58歳。その後、昭和35年に日本樹木保護協会設立。独自の治療方法を開発し、治療を続け、昭和63年、東京都青梅市にある吉川英治記念館の椎の老木が治療1000本目となった。

今回は、山野氏の著書『木の声がきこえる』（講談社）の読者からの呼びかけに応えるかたちで行われた埼玉県の白岡駅（JR宇都宮線）前にある銀杏の診断に同行し、インタビューすることができた。

山野忠彦／やまの・ただひこ
明治33年生まれ
昭和42年　アメリカの国際樹木保護協会の日本初の会員となる
昭和61年　朝日森林文化賞受賞
昭和63年　吉川英治文化賞受賞
『木の建築』24号（平成4年6月）掲載

## 松はなぜ枯れる

今年何本くらい木を診られましたか。

13か14本ですね。

木の病気といえば松くい虫による被害が深刻ですね。

役人というのは農林省の発表が一番正しいと思っているが、材線虫が入ったら木が枯れますというが、木が枯れたから材線虫が入ったんであって、材線虫が木を枯らしたんでは

ないんです。

それから、大森林はヘリコプターで農薬散布しなければいけないと、富山、石川、福井の三県で散布を行ったが、どれだけの効果があったのかもわからないんです。虫が私を殺してくださいといって、木の上に上がって待ってはいませんよ。木の腐った穴の中に入っているんです。その木の上にいるのは小鳥だけでしょう。小鳥を殺して、虫は保護されている。こんなデタラメなことを平気でやっているんですよ。

林業行政の結果が100年経って、やっと出たんですが、山がどうなったかというと何も役に立っていないんですよ。世界中が皆迷惑している。山には、鳥もいるし獣もいるし、いろんなものがいるわけですよ。それらの生活を壊すように、実のなる木をどんどん切って、杉や桧ばかりを植えていま100年経っていますよ。そしてお土産にもらったのは、鼻の病気と喉の病気です。自然というものを壊していい事は何もないですよ。

松枯れの本当の原因は何ですか。

いろんな木をどんどん切って、杉・桧を植えていったことが間違いのもとです。実がなるものがなかったら、動物は生きていけませんよ。猿や熊が危険な人里に下りてきて、作物を荒らすのも実がなるものがないからですよ。それを迷惑だからといって殺してしまう。原因は、小鳥が死ねば松を枯らす虫も増える。こどもが考えてもわかるようなことです。

木の病気にはどんなものがあるんですか。

枝をきちんと切らないと、切り口の木質部が痩せて樹皮との間に隙間ができ、そこから少しずつ雨水が入り、内部が腐ってくるんです。人間はめくってみないとわからないけれど、必ずそこにかみきりが直接入ってくるんです。鳥はめくらなくてもわかる。餌があれば、必ず近くに巣を作ります。巣でひよこが生まれれば、木の悪い虫を取ってくれるんですよ。木も助かるし、ひよこも大きくなれるんです。自然に逆らわないようにということです。

終戦後、開発優先のために危険な地域でも開発が進められました。その一つの例ですが、熊本の街の加藤清正があそこの山だけは木を切ってはいけないという山に家が建てられ、集中豪雨のたびに崖がくずれていますよ。

## 樹医の条件

いまは診療を始めた頃より、病気の木は増えていますか。

同じことですよ。まだ、たくさんの木がそのままになっています。触っていない木がたくさんあります。放っておけばどんどん傷むので、早く治療してあげたいんだが、その木の所有者の財政のこともあって、なかなか難しいんです。私は礼を請求したりしないんですが、くだされば頂戴します。一本でも多くの木を残そうという気持ちがお互いあれば、それで十分なんですよ。

今年アメリカに行かれるそうですが。

300本触った時に、カリフォルニア大学から神戸のアメリカ領事館に私に来ないかという要請があったんです。その時に論文を書いてほしいというんですが、私は300本しか触っていないので、あなた方を納得させるだけの経験がないから、1000本触るまで待ってくださいと言ったんです。1000本触った時にテレビや新聞で報道されたので、アメリカ大使館から電話があり、約束を実行するために今年行こうと思ったんです。

銀杏の治療法を語る山野さん

木に愛情を持って接すれば、なついてきます。木は、私たちの話をちゃんと聞いています。毎日音楽を聞かせてあげたら、喜んで大きくなりますと語る

向こうでは、論文を出して、私に対して称号をくれるそうです。それと、実際に木をどのように治療しているのか、大学の生徒に教えてほしいということもあるんです。もう一つは、ロサンゼルスとサンフランシスコとの間にものすごく大きな木があるんだそうです。その木を診てほしいという気もあるらしいんです。

アメリカには樹医という職業はあるんですか。

ありません。樹医という字句は私が考えたんです。樹医には、三つの条件があるんです。

①巨木の病気を治す
②芝の病気を治す
③蘭の病気を治す

木・草・花、つまり自然を治すことが樹医の仕事です。

全国各地に傷んだ巨木がたくさんあるんですが、まだ調査できていないんですよ。地方によっては、文化財審議委員というのがあって、これは大抵大学の先生ですよ。ところが、木に詳しい先生はあまり多くない。それで正確な情報が出てきません。そういう県がたくさんあります。岩手県に樹齢１５００年と鑑定されている杉がありますが、私は７５００年といいました。なぜ１５００年と鑑定したのか意見が聞きたいですね。

## 木を診る、木を生かす

木の年齢はどうやってわかるんですか。

私は、あなたより痩せています。だから、あなたが私より年上かというと、あなたは私の半分も生きていない。どこを見たらいいかというと、やはり皺を見るしかない。肌を見

るとたくさん皺があって、年齢がわかるんですよ。木も同じです。ここの銀杏のように傷めつけられていたら、大きくなれませんよ。だから、幹の太さで樹齢を割り出すのは、デタラメですよ。小錦が太っているからといって、１０００年も生きているかといったら、そうじゃないでしょう。

診断のポイントはなんですか。

姿です。姿を見てここが傷んでいると思ったら間違いないですよ。経験ですよ。ここが傷んでいるとか、水のやりすぎだとか、水のやり方が間違っているとかすぐにわかります。水がなければカラカラに乾いて枯れてしまいますよ。だからといって、やたら水をやったら根腐れをおこして枯れてしまいます。そこは適当にやらなければなりません。これは誰でも知っていることですよ。常識ですよ。

まず、姿を見て、立地条件を見て、悪い場所を判断し、治療方法を指示するわけです。姿を見ただけでわかるようになれば一人前です。なかなかそこまでなる人がいませんよ。だから、不思議がられるんだけれど、不思議でもなんでもないんですよ。常識ですよ。傷み方を見れば、悪いところはわかりますよ。なにも私だけがわかるわけではないんですよ。皆わかるはずなんだが、そういう経験をしていないから、ちょっと迷うわけです。

木の病気の要因として、人為的なもののほかに、酸性雨や大気汚染などはどのような影響がありますか。

それはあまり騒ぎたてることではありません。木が自然に生えている時には、そんなものは恐くないんですよ。なにも今に始まったことではないし。昔は害虫が物凄く発生し、いなごで天が真っ暗になるほどだったんですよ。家が真っ黒になるくらい松毛虫が発生し

診断の後、近くの神社で

治療を施された岩手県水沢市役所前の杉（写真提供／日本樹木保護協会）

たこともあります。大阪の高槻という街の八丁畷で、松毛虫が大量に発生した時に、薬剤を散布するのは人家に近いため避けたいが、どうしたらいいか困った市役所が、私に聞いてきました。薬剤を散布しても、毒針で薬剤を受けて、玉にして地上に落とす習性があるんです。だから、そこで消防演習をしなさいと言ったんです。すると、かますで16杯とれました。松毛虫には足がなくて吸盤で動くんです。冷たい水がかかると、吸盤が縮んで落ちてしまうんですよ。そういうひどい状況でも、木が元気なら生き延びるということです。

最後にこれからの夢を聞かせてください。

一本でも多くの木に触ってあげたいと思います。儲けようという考えは全くありません。もっと桜を皆が触らせてくれなければ困ると思います。桜を触ったら必ず枯れるというのが常識になっていますが、桜がなぜ枯れるかということを考えて、それに対抗する薬剤を考え出したので、それを付ければ絶対に枯れません。昔から、〝桜切る馬鹿。梅切らぬ馬鹿〞といって、素人が桜を切ったら、傷めることが多いんです。だから桜は、皆よう触らんでしょう。ですが、桜も病気になりますからね。

一番最初に触ったのは、兵庫県南甲町にある光福寺にあるしだれ桜です。治療の様子をいろいろなマスコミが取り上げ、翌年立派な花を咲かせたので、多くの観光客が訪れたそうです。きちんと治療すれば治るということなんです。そういう桜がたくさんあります。

# 山の暮らしの変遷を語る

木伐り　後藤留蔵・山林経営　伊藤　司

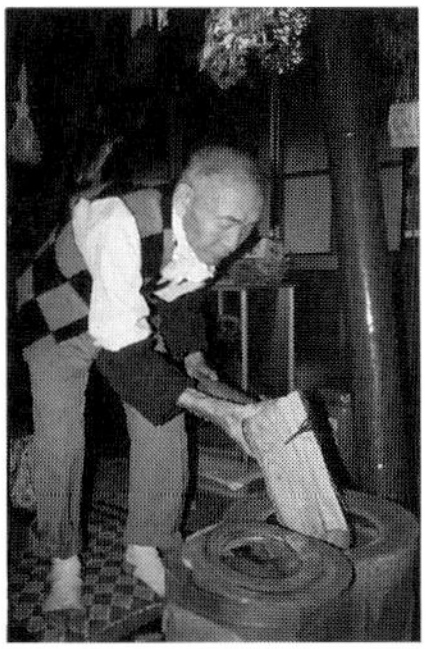

後藤留蔵／ごとう・とめぞう
大正5年生まれ
60年余り山仕事を続け、10年程前仕事をやめた後も入田沢の山で生活をしている

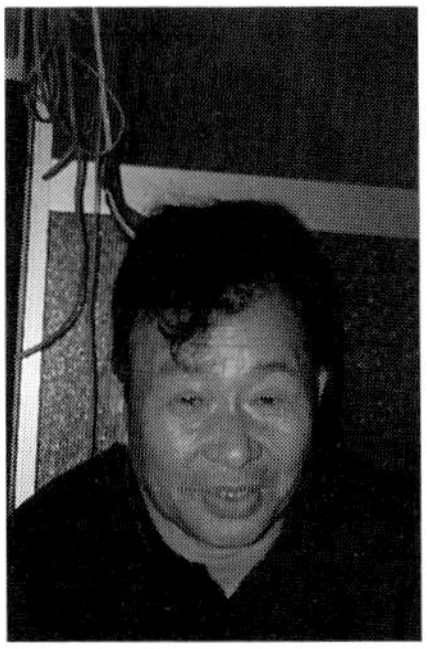

伊藤　司／いとう・つかさ
昭和7年生まれ
山形県米沢市入田沢に山林を所有。自分の代で終わりだというが、山の手入れはご自身でされている
『木の建築』40号（平成8年11月）掲載

## 山での仕事ぶり

後藤さんは、山でどんな仕事をしていたんですか。

**後藤**　チェーンソーで伐採し、一定の長さに切ります。矢を打って倒す方向を決めます。危険を伴いますから経験者でないとなかなかうまくいきません。間伐《かんばつ》の時は木がたくさん林立していますから、木をどこに倒すかを決めて口のあけ方を決めないと、枝が引っかかって木が倒れません。

そういう山の仕事をこの辺りでは何と呼んでいるんですか。

**後藤**　木伐りです。出し方もしました。木を伐って山から出すだけの簡単な仕事ですが、それだけに初めはどうしていいのか分かりませんでした。若い時は炭焼きが主な仕事でした。雑木は「かなぎ」と呼ばれていました。堅い木という意味だと思いますが、そのかなぎが炭の材料で、ぶな、なら、いたやなどです。かなぎの中でも柔らかいクルミ、ほうのきは板材料になりました。「斧《おの》折れ」と呼ばれている木が一番堅いですね。石油、ガス、ガソリンなどが普及してから、炭の仕事はやめました。

伐採の仕事のほかに枝打ちなどもやったんですか。

**後藤**　ええ、植えるところを拵《こしら》えて、植え付け、下草刈りなどもしました。20年くらい

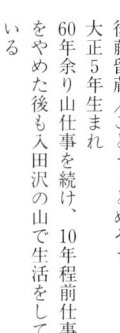

植え付け

枝打ち

除伐

写真3点提供／米沢森林組合

25頁図2点、26・27頁写真6点『緑の風』鈴木亮著より

経たないと手をゆるめられません。杉は話さないから、人間より育てるのはたいへんです。あとは枝打ち、間伐などもしました。植林してから20年ないしは25年で間伐します。

杉の木伐りの手間賃はどのくらいですか。

**伊藤**　昭和の初め2000円くらいから始まって伐採の最盛期で1日6000円くらい。いまは1万数千円です。昔は杉の木1立米《りゅうべい》（立方メートル）で8人使えたけど、いまは1人使えればいいほうです。8人使えた時代はどんどん木を伐って植えたんです。1ヘクタール当たり240万くらいしかなく、実際人夫代が280万かかり40万円の欠損です。借りていれば金利が付くし、林業はやっていけないな。

人夫賃や運賃も高くなり、少々杉の値段が上がっても合わない。だからほとんどの間伐材は伐っても倒しっ放しになっています。間伐できない人もたくさんいます。枝打ちも金がかかるからできないんです。

馬を使った搬出は年中やる仕事ですか。

**後藤**　仕事があれば年中やります。今は杉が安くて売る人はほとんどいません。馬車屋が1石《こく》いくらで運搬を請け負います。それ以外に、日当で馬1匹いくらという時になると、こちらに人足を付けたり馬の道を造ったりして、どんどんトラックを付けられる所まで運びます。

## 山が荒れる

杉を一番伐ったのはいつ頃ですか。

**伊藤**　昭和30年代です。明治の初め頃植えた木です。その頃までは植林をしていません

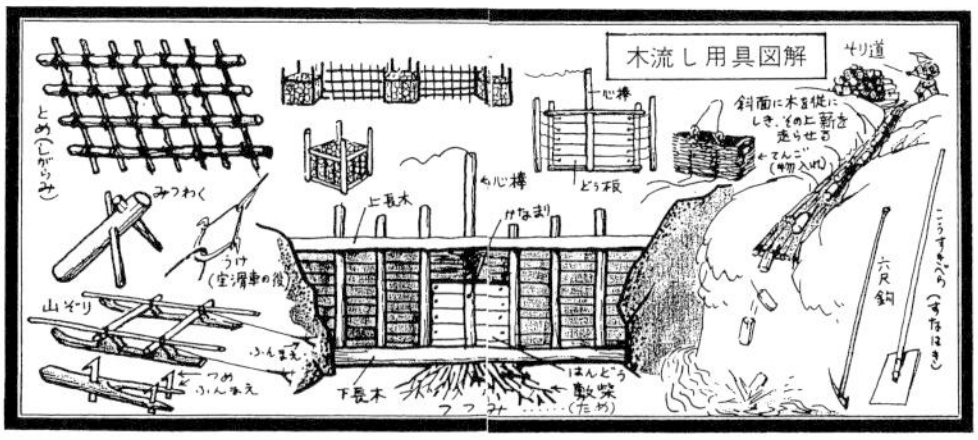


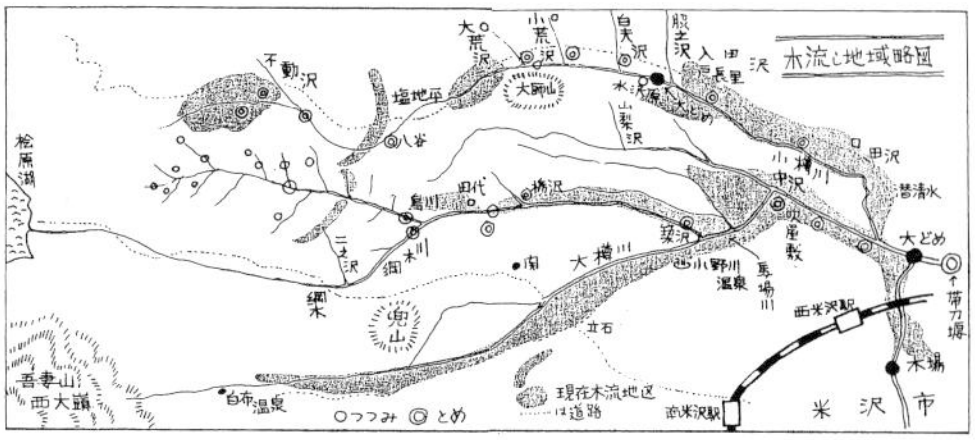


でした。雪国では雪の重さで根が曲がりますが、50年くらい経つと自然に真っ直ぐになります。だからそれくらい経たないといい木がでません。杉は節が残るから枝打ちをしていないと用材になりません。人間を育てるのと同じで高校時代から嫁にくれてやるくらいまでに手入れをしないとだめなんです。

チェーンソーを使うようになったのはいつ頃からですか。

**伊藤**　昭和45年くらいから普及してきましたね。いまは軽くて振動や故障も少なく操作が簡単になりました。薪と炭で昭和20年頃から10年で山が坊主になってしまいました。チェーンソーがその頃あったら、5年ももたなかったと思います。その後杉を植えました。他に仕事がないからどんどん木を伐ってしまったんです。

国の政策で補助金を貰うために、森林組合が山の上まで杉を植えたのがいまの林業だから山も抜けてくるし。ならの木などを伐ったところだと根が長く張っているけれど、ぶなの木などは根が3年しかもたなくて、山が抜けてくるわけです。上に植えたものが抜けて、下に植えたのもだめになるわけです。なら、栗、くぬぎだと20年くらいもつから、その間に杉が成長して根を張るから抜けません。それを補助金目当てに見境無く植えたから、いま手入れができないというのが現状です。ぶなは伐っちゃいけないんです。自然を破壊した天罰がいまあたっているんでしょう。

ならやくぬぎを伐って薪に利用するのはいいんですが、それも近頃は問題があるんです。チップ材にする時にチェーンソーで根本まで伐ってしまうので芽が出てきません。いままでは鋸《のこぎり》で伐りやすいところから伐っていたから、20~30年で脇から芽が出てきたので、80年くらいで次の伐期がきていました。いまだと１２０年くらい経たないと伐るだけの価値

山出し

木揚げのひとこま

のある成木になりません。

根がやられると実生《みしょう》から出てくるしかないんですね。

伊藤さんはどのくらい山を持っているんですか。

**伊藤**　２００町歩《ちょうぶ》くらいです。杉は30町歩くらいかな。杉はそんなに植えないから。あとは広葉樹です。ぶな、ならは、節のないところはフローリング材になります。杉の５倍くらいしします。大きないい木だけ伐ります。ただ、いまは機械の世の中だから、どうしても一山いくらで集材機を張って、倒したところは全部、柴のようなものまで持っていきます。

## 川や馬を使った材木運搬

山の所有者側からいうと細い木は残した方がいいですね。馬で出すわけにいかないんですか。

**伊藤**　山が急だから。馬で出すのには限界があって、近場だけですね。昔はみんな川に流したんです。木流しは上杉家の武将直江山城主兼続（１５６０～１６１９年）の創案によるものと伝えられ、上杉藩主の用いた薪を供給するのが始まりで、後には武士や一般庶民の燃料を確保するためのものとなりました。

正月後には、春に山に入って木を伐り、伐られた木は大きな橇《そり》に積んで木落し場まで運ばれ、谷川から大樽・小樽・綱木の本川まで運ばれます。そこで秋までによく乾燥するように積み上げられ春の木流しが終わります。秋の木流しは、春山で流し小沢口に積んである木を城下（木場）まで届けます。木にはそれぞれの所有を示す符牒《ふちょう》が斧で刻まれています。また、地域毎に木の長さを変え、符牒をかける場所も決めて流木を区別していました。

小沢の堤

小沢のとめ

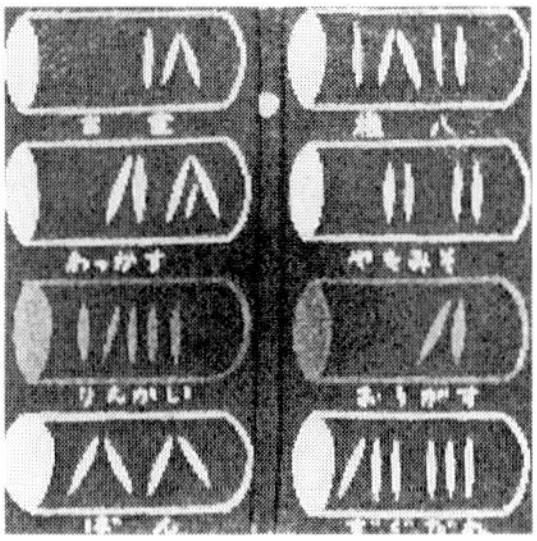
符牒の基本

木流しの前には人工の貯水場で、水をせき止め一気に木を流し出すための仕組みである堤と、流れてくる木を受け止める柵であるとめを作ります。堤に貯まった水と一緒に木をとめに流します。木流しは大正12年頃まで上流では行われていました。木場まで行ったのは明治30年頃まででした。いまは林道ができているから、集材機を使います。

## 山の将来

炭をまた焼くということはないですか。

**伊藤**　ないですね。観光用に魚を焼く時くらいで、そんなに使ったらまたたくうちに山が坊主になる。それはない方がいいな、我々としては。地域で冬の仕事を確保しなかったから、過疎になってしまったんです。昭和25年頃から過疎になり始めて、炭焼きが45年くらいになくなりましたから、その頃からどんどん職のない人が出て行きました。

ガスと石油の普及が林業が滅びた一番の原因でしょう。その時に私は国の制度で安定所を通して職業訓練生として5年間でいろいろな職を身に着けました。いまは国と会社からの年金で暮らせますから、途中で職を変えて良かったと思っています。若い人に奨めるには老後が心配なので、やはりサラリーマンになった方がいいなと思います。

この辺の山はどうなりますか。

**伊藤**　過疎が進んで手入れされないので荒れ放題になるでしょう。うちの山にはなるべく林道を造らないようにしています。それしか方法がないですから。放流したものは別として自然の魚は一匹もいなくなりました。禁漁区にでもしないと自然は守れなくなりましたね。雑誌などを見て県外から人が来ますから。釣ったくらいでは全滅はしませんが、小

さい川で投網をするので全滅してしまいます。河川工事も進んでいますから。
山の下方の杉が生えているところは昔はみんな桑の木でした。上杉藩は杉を奨励したけれども、育てるのに時間がかかります。養蚕だと3年くらいで現金収入になるので養蚕の方が盛んでした。ここ40年くらい広葉樹を伐ってないからだいぶ成長しているけれど、チップ材になっています。木を伐るなと言うことは失礼だから林業の人には言えないけれど、細い木は残しておかないと。後継者のことをいまは考えていませんから、後継者がいれば残そうという気にもなるけれど、自分の代でおしまいだというので皆伐してしまいます。
この地区の245戸のうち後継者と一緒に生活しているのは3分の1以下です。将来は遅かれ早かれ壊滅していくと思います。山村としては深刻な問題です。山の労働者だけでなく、山林の経営、技術、販売のできる人がいなくなりました。
上杉藩解体になって明治10年から民有林を27町歩ずつ、96人で買ったんですが、現在持っている人は5人しかいません。民有林については、あとはほとんどが不在地主です。新憲法になってからは、遺産相続できない方もいるだろうし、ますます減っていきます。林業の場合、相続問題が絡んできています。農地は生前贈与ができ、分筆できないようになっていますから。農業のような保護制度を設けないと林業は全滅すると思います。自分の物にならない山の手入れをしないですから。

山形県米沢市入田沢での馬を使った木出し風景（28・29頁写真提供／米沢市口田沢で馬車屋を営んでいる高橋一さん）

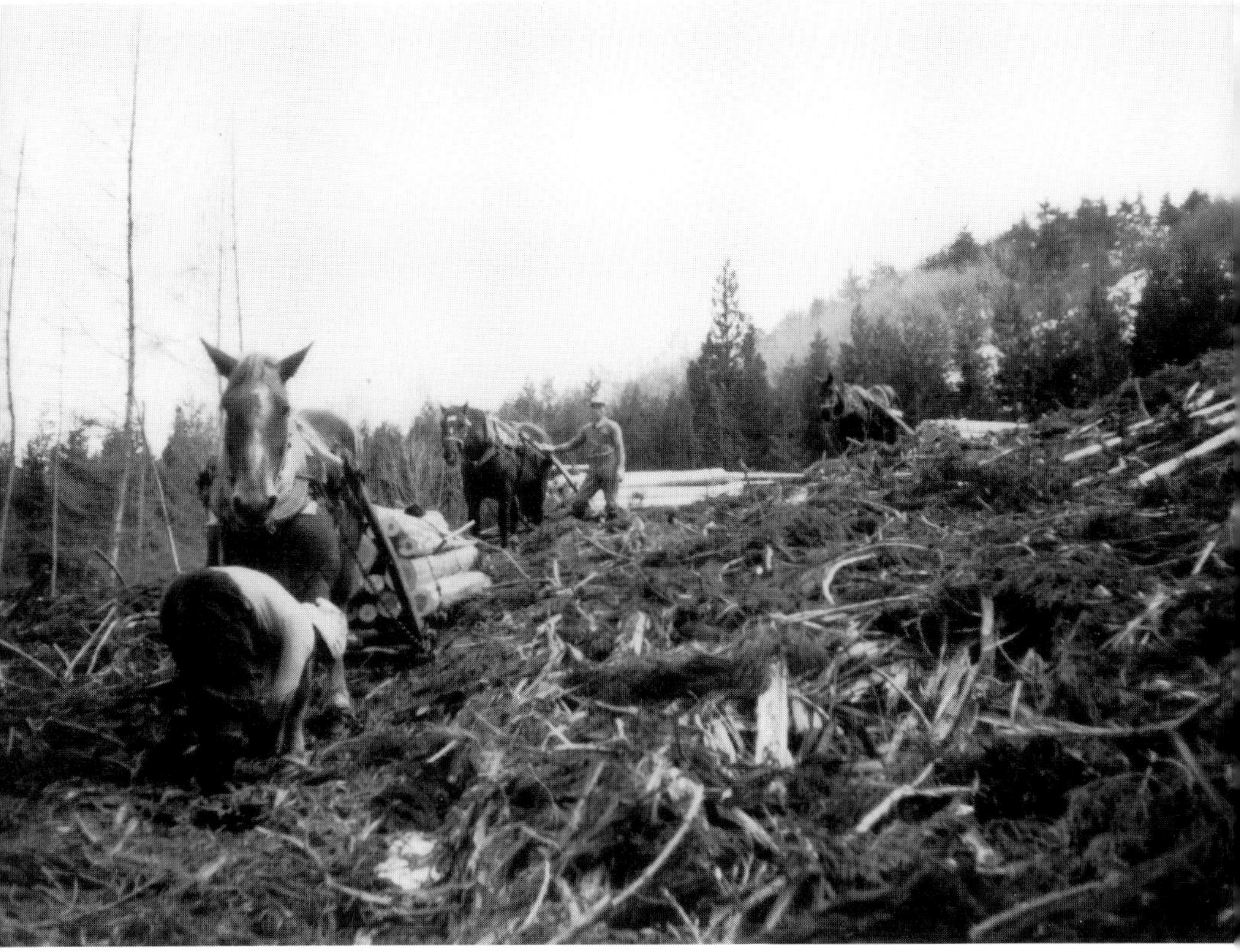

石川県・白峰村下田原の山口清志さんの出作り小屋（写真／居島真紀）

# 白山麓出作り小屋の暮らし

炭焼き　山口清志

山口清志／やまぐち・きよし
昭和6年　石川県白峰村下田原生まれ
20歳まで出作り小屋で暮らす
『木の建築』43号（平成10年1月）掲載

## 出作り小屋の歴史

桑島が手取川ダム建設のために水没した後、金沢で生活していて、最近白峰村の下田原に戻られたということですが、出作り小屋での生活を聞かせてください。

水没する前、31歳の時に仕事の関係で金沢に出ました。それまでは下田原で養蚕や炭焼きをしていました。この家は3層になっていて天井が低いんですが、この下にもう一軒家があって１２０年から、１３０年経っていたと思います。茅葺きの2階建ての母屋でしたが、2軒も管理できないのでそれを潰してこの家を残しました。

この辺は雪が多いので、土壁だと壁に雪が着いて土が落ちてしまいます。土壁は白峰や桑島ではありましたが、出作り小屋には使いません。

ここから4㎞くらい上の方に12軒、下田原からだと45軒くらいあったと思います。私が子どもの頃は冬も居る人がいました。だんだん都会に出るようになって、福井や名古屋に家族ぐるみで出稼ぎに行くようになりました。

人が少なくなったのはいつ頃からですか。

昭和27、28年くらいからです。鶴来あたりに移って行った人が一番多いです。そこから出作りに通って来る人は10人に1人くらいです。山は持っている人もいますけれど、山を売っていった人もいます。

当時は経済成長期ですから、仕事はいくらでもあって、それを機会に町に出て生活を始めたんですね。

町に行けばいくらでも仕事があった時代ですから。ダムができたことがひとつのきっかけではあったと思うけれど、その前から人がいなくなりました。電気製品が出回り、ガス、石油が使われるようになると、炭が売れなくなったことも山を降りた理由のひとつです。

私はダムのできる10年くらい前に、山の仕事が嫌になって金沢に出たんです。兄弟が7人いますが、私は長男でこのあとを継いでいます。21歳で金沢営林署に勤めて、材木を出す仕事をしていました。定年間近になったら、都会で仕事をするのがいやになって山に戻りました。

## 山の自然と暮らす

その間も定期的にこちらに来られていたんですか。

はい。じいさんが亡くなって今年で7年ですが、それまではじいさん、ばあさんがここに住んでいたんです。山で畑をつくっていました。汚いところですが、ここが落ち着きます。まちのごみごみしたのが嫌いで、ここに来ると落ち着きます。春5月に上がってきて、だいたい11月いっぱいまで、家族でここに来ました。冬の間は、昔は親村である桑島に家があり戻りましたが、いまは金沢の方に家がありますから、金沢に戻ります。

春はうど、ふき、わらび、ぜんまいなど、山菜の栽培もやっていました。夏は養蚕。秋は稗、栗の収穫。５月に養蚕が始まるまでになぎ畑を焼いて、種を撒きます。１年目に稗、

**出作り《でづく》**　生活の本拠となる集落から遠く離れたところに耕地があり、毎日往復して作業を行うことが困難な場合には、そこに小屋を建て、一定期間移り住んで農作業を行い、収穫を終えた後、本拠とする村（親村）に帰ってくる。この慣行を出作りという。

親村は比較的開明なところにあり、水田も多少はあるが、そこだけでは耕地が不足で、山中深く入って焼畑を拓いてソバ・アワ・ヒエなどをつくり、また蚕を飼ったり、鍬《くわ》柄やコスキなどをつくって現金収入を得るといった出作りが手取り川上流の白山麓一帯には最近まであった。その中には、年間を通して住み続ける場合があり、それは永久出作りと呼ばれる。

焼畑。5月に刈った草木を8月に焼く

焼畑の後、土の熱いうちに種を撒く
（33頁写真提供／山口清志）

2年目に粟、3年目に小豆をつくります。その後はしばらく放置します。茅は別に茅畑がありました。茅葺きは2年に1回は誰かの家を葺かなくてはいけないので、部落の1軒から1人が出てみんなで葺きます。「いい」という集団をつくって、お互いに助け合って茅を葺いていました。

焼畑の出作り小屋で家族が食べていくのに必要な山林の面積はどのくらいですか。

それはまちまちです。私の山は20数町歩《ちょうぶ》あります。この辺では一番大きいと思います。平均で7、8町歩から10町歩です。昔はみんな炭を焼いていました。炭を焼いたあとなぎ畑（焼畑）をしました。20年くらいで炭に焼けるくらいに木が大きくなります。樹種はならやぶなが多いですが、なんでも炭にしました。バスやトラックも炭で走っていましたから。家の近くの平らな所は桑畑にしました。土地の少ない人は地主から土地を借りて小作をします。

米を買ってきて、稗や粟に混ぜて食べていました。山に食べられるものがあれば何でも食べました。兎なども採りました。トイレは地面に穴を掘って、石を入れて中に流します。1週間に1度バケツに1杯水を流すだけです。水洗にして水を流し過ぎるのもいけないんです。昔は汲み取りで肥料に使っていたようです。

家畜は飼っていなくて、作業に必要な道具は人が背負って運びました。収穫した作物などは桑島まで背負って下ろしました。私たちの時代の人間はみんな足が太くて背が低いんです。なぜかというと15、16歳の成長期に炭を5俵も6俵も担いだから上に伸びられないんです。発電機が入ったのは5年くらい前で、その前は灯油のランプです。ガスも最近です。煮炊きと暖房には薪を使いました。川の水が冷たいので冷蔵庫はいりません。

長坂家／出作り農家。江戸中期に建てられ、屋根裏を含めて三層になっている
旧所在地／白峰村河内谷
現所在地／白山麓民俗資料館（白峰村）

いまの仕事の内容を聞かせてください。

春は山菜を、夏は薬草を採ったり、秋はわさび、なめこの栽培をして、レストランやスーパーなどに卸しています。5月に木や草を刈って干しておいて8月に焼畑をして、なぎ畑大根をつくります。20、30年の木も倒して乾燥させておいて、50坪くらいを3時間くらいで焼きます。上の方から火をつけます。山の土には雑草が多いので、雑草の根をおこしてから大根の種を撒きます。12時くらいまでに焼き終わり、2時間くらいおいて、まだ土が熱いうちに撒きます。不思議なもんで、どんなに熱い時に種を撒いても芽が生えてきます。大根を撒いた後は小豆を撒いておしまいです。私のほかにも桑島の西山さんという方が焼畑をしています。

親村を持って生活するスタイルが面白いですね。これから都会に住んでいる人が山に戻ってくることもあるんじゃないかと思っていますから。

来ると思いますよ。この前、テレビ局の人がなぎ畑の取材に来ていましたが、ここに泊まれるかと聞くと、1人では無理だけれども、私がいれば泊まれる。1年もすれば1人でも大丈夫だと思うし、山が好きですと言っていました。10月にも名古屋と金沢から桑島に暮らしたいと、2、3人がここに来て泊まっていきました。

この家はどうやって建てたんでしょうか。

私の先先代が大工だったと聞いています。何年かかったかわかりませんが、自分で建てたようです。松と杉を使っています。手割ですから片方が丸くて、片方が四角いんです。山で一番恐いのは表層雪崩です。雪崩の来ない、水のあるところに小屋を建てます。昭

白峰村の母屋。板葺き、土壁の大壁造り、3階建て

和9年の大洪水の時に、下の小屋まで水が上がってきました。桑島では何十軒も流されました。

ここはおじいさん、おばあさんがいたから残ったんですか。

私が山が好きだったからでしょう。じいさんは年をとって管理ができないので金沢に移りました。私が屋根の管理ができないからトタンに変えました。茅を集めて人夫賃を払うと400万円くらいかかります。トタン葺きにするのにも200万円ちょっとかかりましたが、20年間は屋根の心配がいりません。山小屋は雨漏りしたら終わりです。昔は釘などは使っていませんから、ねそ（まんさくの若木。これで丸太を縛っていた）が一気に腐ってしまいます。家そのものは頑丈です。この谷で3階建てはここだけです。2階建てだったら残らなかったかもしれません。3階建てだったから惜しくて屋根を直したということがあります。

## 懐かしい山に戻る

この谷に新しい家ができているようですが。

ダムを造る時にこの辺は水没はしないけれども、補償金を貰うために家を潰してしまったんです。だけれども年をとるとこどもの時から住んでいた懐かしいところですから、別荘のように家を建てています。分教場の脇の茅葺きの家は古いものですが、あとは最近別荘として建てたものです。土曜日の晩に金沢から来て、日曜日の晩に帰って行きます。

親村が桑島から金沢に変わっただけという感じで、昔は歩いて通っていたのが、いまでは車でこれますからね。春から冬まで昔と同じ様な感覚で暮らしができるということですか。そういう暮らしをする人が増えるといいと思うんですが。山は人が住まなくなると荒れちゃうんじゃないですか。

ほんとうに惨めですね。家もなくなり、杉も下から枝が生えています。この辺に大きな木がないのは炭焼きをしたせいです。炭焼きを止めて35年になりますから、少し木が成長してきました。また炭焼きをやってみたいんですが、いまはあまり需要がありませんから。私の金沢の家では炭を使っていますが。

11月に山を降りる時はすっかり囲いをするんですか。

窓だけです。玄関にシートをかけ、橋は縦に起こして雪が積もらないようにしておきます。

山の暮らしの一番の楽しみはなんですか。

自由気ままに、自分の好きなように暮らせる。人に縛られることがありません。こんないいことはありません。

夏は暑いので朝7時くらいに山に出て10時には戻って、2時くらいまで家の中で寝ています。それから夕方7時くらいまで働きます。2週間も草を刈らないと背丈くらいになりますから、草刈りやなにやかやと仕事はあって、なにもしないでいた日は1日もありません。

野菜は週末になると訪ねてくる兄弟や親戚、友人たちのためにつくっているようなもんです。みんな山が好きな人ですから、ここはみんなの共有地です。毎年の焼畑の時にも手伝いに来てくれます。親戚の子どもたちも小さい時に山のくらしの経験が少しでもあれば、いつか山に戻ってきた時に戸惑わずにすみますから。

# 日本一の枝打ち名人

枝打ち師　山本総助

山本総助／やまもと・そうすけ
昭和２年生まれ
昭和45年　大阪万博でカナダ人の木登りチャンピオンと対戦し、見事退ける。それ以後、ギネスブックに木登りチャンピオンとして掲載されている
昭和63年　緑化功労内閣総理大臣賞受賞
『木の建築』20号（平成3年6月）掲載

岐阜県の関ヶ原に世界一の木登り名人がいる。どんな大木でもロープ一本でスルスル登り、20メートルの高さから逆さまになってわずか3秒で滑り降りてくる。隣の木に空中を飛び移るというから、これは超人に違いない。さっそく訪ねてみた関ヶ原の今須《います》は、現代日本ではユニークな択伐林業として注目されている所でした。戦後の一斉造林による単層林が様々な問題を投げかけている今日、林野庁は複層林の奨励を始めました。ここ今須ではそれが江戸時代に始まり、明治中期には定着していたのです。世界一の木登り名人は、その複層林の維持のための高所の枝打ち作業から生まれたものだったのです。

## 毎年収入が得られ、山が荒れない択伐林業

今須地区の山林は２２０６ヘクタールほどありますが、そのうちいわゆる今須の択伐林は７８６ヘクタールを占めます。林家は３０７戸で、４~５ヘクタール程度の零細な林家がほとんどです。田んぼも自家用程度で、農林業だけでは食べていけませんから、若い人は勤めに出ています。地区内に木材業が多いので、そこで働く人が多いと思います。

樹種は杉が7割、桧が3割の混交林です。ここは元来杉の適地で、樽や桶の生産が盛んだったところです。そのため大径木の生産が要求されたこと、零細な山林の所有、農家の

ロープを使ってしゃくとり虫のように登り、幹に足をからませ真っ逆さまに滑り降りる（写真提供／阿部塗装店）

余剰労働力の存在などいろんな理由が重なって、いわゆる今須の択伐林業が成立したといわれています。

　択伐林業をもう少し具体的にお聞きしたいのですが。

たとえば、10アールの山があるとしますと、そこで同じ樹齢の木は4、5本どまりです。4年生から250年を越える大木までが一山に混ざっている。だいたい1ヘクタールに2000本植わっている。そのうち15センチ以下の小径木が50%。15センチから30センチまでの中径木が30%。それ以上の大径木が20%です。そういう林相を専門用語では複層林、または多層林といいますね。そこから一本一本抜き切りして毎年継続的に木材を生産します。4、5ヘクタール程度の零細な山林でも年間平均すると、150~200万円ほどの収益を上げていると思います。一斉造林では、一度切るとその次の30、40年は収入がない。少なくとも自分の代で回収できない。ですから相当大規模な林家でないと成り立たない。

　また、択伐林では植えた木は病気や雪で倒れない限り、間引く必要はありません。つまり、択伐では1本切ったら、その根元に必ず2、3本植林します。あるいはまた、大木の際に苗木を植える。こうすると、苗木は大木の樹冠に守られて雪害を受けない。ちょうど母親がこどもに傘をかけている姿と同じわけです。つまり、択伐林では若木は大木に守られてゆっくり育つ。ある程度育って一人前になる頃に大木が切り倒されると、それから若木は急速に成長を始める。

　一斉林業は逆です。若木が邪魔するものが無いから急速に育つ。ところが、ある一定以上になると、隣の木と競争になって成長量は急に落ちる。年輪を見るとそれがよくわかる。10年目ぐらいまでは恐ろしいほど年輪が荒い。それから急にせばまって、紙のように目が

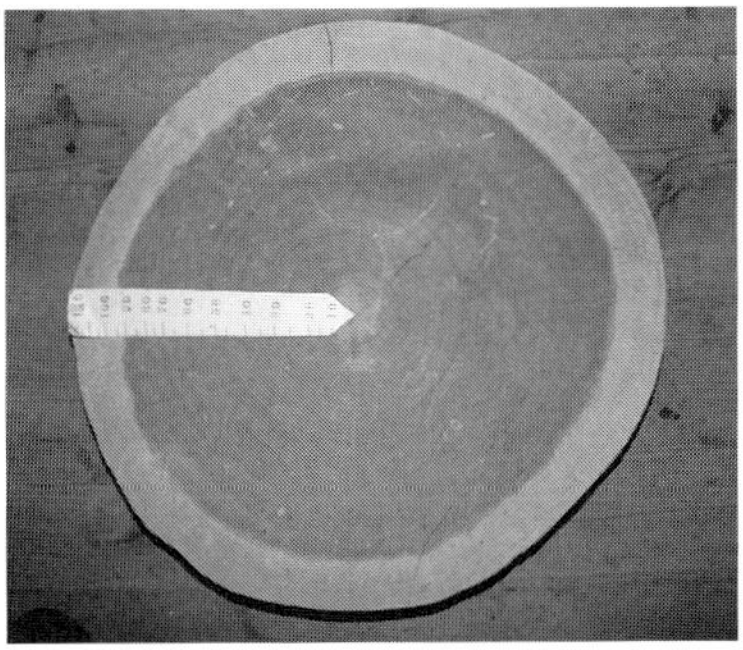

択伐された木の年輪（年輪幅が一定）

つんでくる。こういう木はいくら太くなっても、粘りがなく折れやすい。芯が弱いからどうしようもない。それに比べ択伐林の材は若い時に大木に押さえられてじっくり育ち、一人前になると伸び伸び成長しますから、年輪幅が一定で揃っている。強くて木目の美しい材ができるんです。

なるほど。人間社会を見ているようで大変面白いですね。戦後の一斉造林は、戦後の日本の教育制度に似ていますね。育った人材も一斉造林にそっくりですね。

ところで、そのような択伐林の維持にかかる労働力はどのくらいですか。

下草刈りと雪おこしと枝打ちに、1ヘクタールあたり25人ほどです。地区内に立木を買う素材業者が20名、製材業者が19名ありまして、ほとんどすべて地区内の業者によって伐採と製材が行われます。抜き切りは伐倒、搬出時に回りの木を傷めないように特殊な技術を要しますから、よその業者に売る人はいないということですね。

## 択伐林業の要、枝打ち

択伐林を育てるうえで、最も肝心なのが枝打ちです。大木の下で若木が育つには、適度な明るさが必要です。森に光が入り過ぎると、下草が育って若木が負けてしまう。暗過ぎると若木も育たない。20％くらいの光量が適度です。その状態を保つために枝打ちが必要なのです。

枝打ちは何年毎に行いますか。

杉と桧は柱材を取るために、枝打ちの時期と回数が決められます。8年から10年生に1回、その3年後に第2回、20年生までに3回目を終えます。これが最低の回数で、1回に

枝のとり方

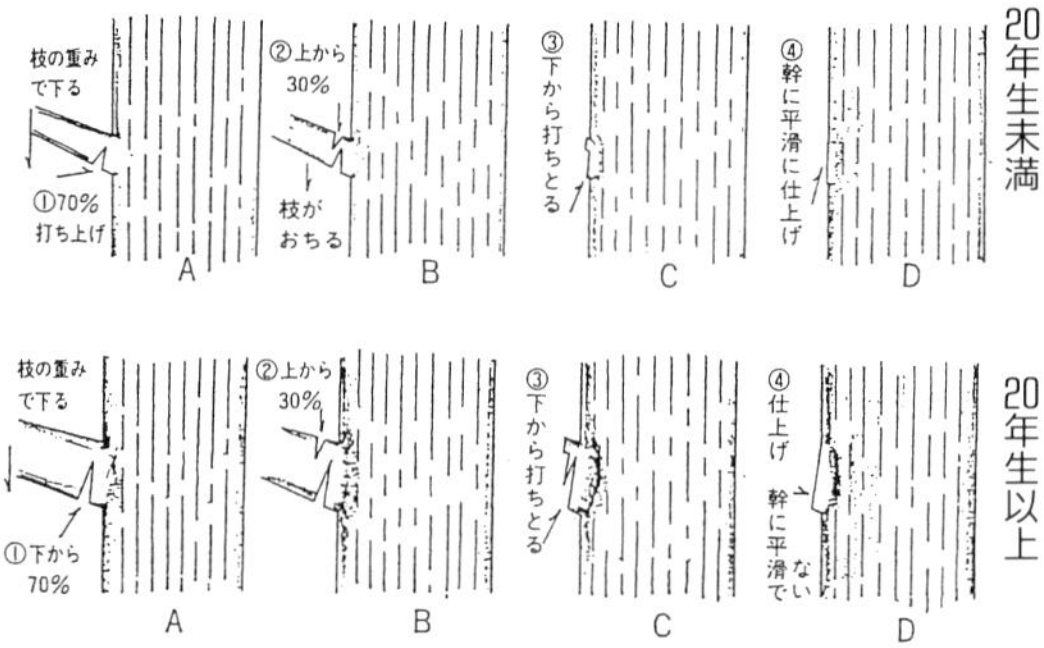


だいたい2メートル枝打ちしますから、枝下6メートルで通柱《とおしばしら》が取れます。その後は5、6年に1回します。ここでは80年や１００年を越す大木になっても枝打ちしますから、そうなると枝下は20メートルを越す。そういう高い所に登る技術が必要になりますね。

　枝打ちの時期は決まっているんですか。

秋の彼岸から春の彼岸までの水分を上げていない時ですね。それ以外にやりますと、木質部と形成層が離れまして、腐れが入り変色することが多い。

　一日で何本くらい枝打ちができるんですか。

大きい木と小さい木で違いますが、平均すると30本くらいですかね。

　枝打ちのポイントは。

杉や桧の一番枝の張ったところを力枝といいます。それより下の枝は日が当たらないので陰樹層といいます。この陰樹層の部分の枝を打ち落とすのです。それより上の枝は取ってはいけない。力枝を取ってしまうと木は太らない。京都の北山杉などは太らせないために、それよりずっと上まで枝を落としているわけだけど、あれはそんなに雪が降らないからできる。ここは年間1メートル、それも非常に湿った雪が降る。ここでそれをやったら雪で折れてしまう。

　節の無い材を取るために枝打ちするということはよく知られているとおりだけれども、もう一つ大事なのは、力枝のすぐ下の部分が一番太るということ。だから枝打ちすると太る部分が上へ上へと順に移動することになり元と末の差が少ない良材が取れる。逆に枝を落とさないと、根元が太く先の細ったずんぐりとした木になる。枝も太るわけだから、その分だけ幹は太らない。全体の体積は多いが用材として利用価値のある部分は少ないこと

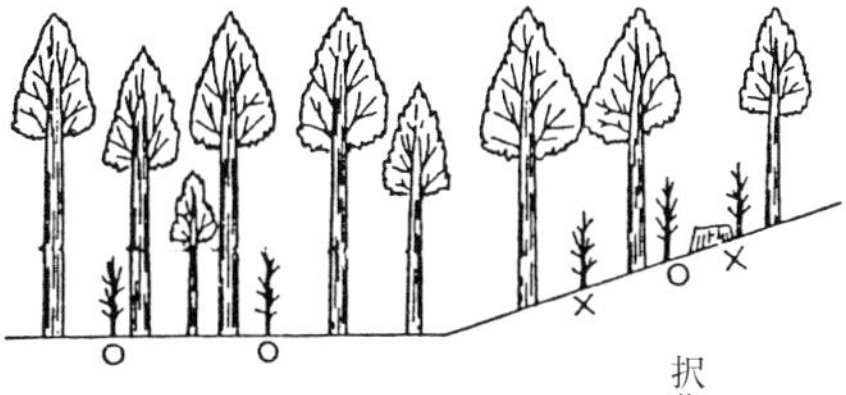


択伐林内の植栽

今須の択伐林。樹齢400～300年までの杉と桧が入り交じる

になる。また陰樹層の枝は人工的に落とさなくても自然に枯れていくわけなんだけれども、枯れた枝が幹に残るので、それがみんな死節になる。

枝打ちは枝の根元を残してもいけないし、取り過ぎてもいけない。枝を落とすということは傷をつけることだから、その傷が早くよくなるように落とすのが大事。下手に枝を落とすと腐れが入って命取りになりかねない。枝の根元を残してしまうと、幹の形成層が出てこんので、巻き込みに時間がかかるし、節も余計残ってしまうし、それに生枝を残すと入り皮になる。また、逆にこんどは根元を削りすぎると、傷口が大きくなって巻き込みに時間がかかるし、そこから腐れが入りやすい。それで細い木と太い木ではやり方が違う。細い木は枝の根元を幹の面で平滑に取る。太い木は枝の根元の下端をほんの少し残し、切口がやや上向きになるように枝を切り落とす。丸い切口の下側が問題なんです。切口の巻き込みは上側から始まる。下側は巻き込みが遅いうえに木質部と形成層の間に水が染み込んで腐れが入りやすい。若い木は勢いがあるから、傷の巻き込みも早くて、じきに下側まで巻き込むので問題は少ない。年取った太い木になると、切口の下側まで巻き込むのに時間がかかるから、できるだけ枝の根元の下側を傷めないように枝打ちするわけです。

枝打ちというと、鉈《なた》で上から叩き落とすようなイメージを持たれるようですが、そんなことしたら枝の根元の下の皮と木質部がもぎとられて、巻き込みはできないし、腐れは入るし大変なことになる。そんな枝打ちならやらん方がまし。枝打ちはまず下から7割切って、それから上から切って、最後に下から打ち落とす。そして仕上げに枝の付け根の上端を鉈の先でチョンチョンと叩いてやる。そうすると、そこから新しい芽が出てこんわけです。そのために枝打ち用の鉈にはチボといって刃の無い部分が付いているんです。

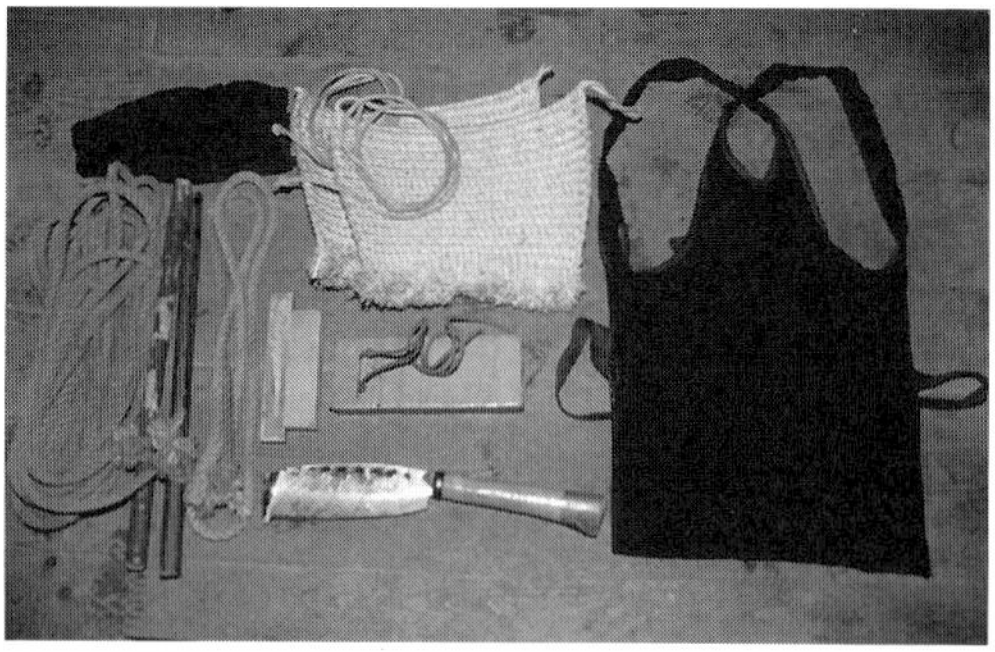

枝打ち七つ道具

枝打ちは鉈に限ります。それもよく切れるやつでスパッと落とす。そのために日に何度も鉈を研ぎます。鋸《のこぎり》は絶対だめ。人間でもカミソリの傷はすぐ治るけど、鋸の傷が一番ひどい。それと同じです。それに鋸で落としたやつはどうしても入り皮になりやすいね。

こういう枝打ち技術を持つ職人はなんて呼んだらいいんですか。

枝打ち師ですね。木を切る人は杣《そま》で、これは専門家ですが、枝打ちは昔はみんな自分でやった。うちの女房も若い時には登ったもんです。でも大径木の枝打ちとなると、20メートルも登らないといけない。30センチ程度の太さなら登る人はいるが、それを越すとめったにいないね。枝打ちを仕事とする専門家は、最盛期は30人ほどいたと思いますが、いまではすっかり減ってしまって7名ほどです。私の家は親父も兄も枝打ち師でした。物心ついた頃には木に登っていました。幸い息子が数年前から手伝ってくれて、いまでは一人前の枝打ち師です。林業関係の学校を出て、しばらくサラリーマンしてましたが、戻ってきました。私は息子には何も言わんです。親が決めてもだめです。自分でやろうと決めたやつはいいんです。辛抱ができるんです。この仕事には向き不向きがあります。高いところが恐かったらいくら教えてもあかん。まあ、でも蛙の子は蛙です。

年の半分は枝打ちの指導などで日本全国を飛び回っているとお聞きしてますが。

とにかく後継者を育てんことには、山に木はあってもどうにもなりません。全国の小学生に縄一本で大木に登って見せて、逆さ降りしてびっくりさせるのもそのためです。こどもたちの目を何とか森に向かせたい。森の大切さ、つまり長いことかかって大きくなることや、都会の人も森の恩恵を受けているということを伝えたいんですね。

まず下から70%なたを入れ、次に上から30%。最後に下から打ち取る

（写真提供／阿部塗装店）

縄を使って木に登る

# 木を切らずに生かす桧皮の技

桧皮《ひわだ》原皮師《もとかわし》　藤本昭一

桧皮は立木からはぎます。桧皮の里、丹波にその奥技を訪ねました。

藤本昭一／ふじもと・しょういち
昭和3年　兵庫県山南町阿草生まれ
(社)全国社寺等屋根工事技術保存会会員
『木の建築』46号（平成11年3月）掲載

## 原皮師の仕事に就く

藤本さん、いつからこの仕事をしているんですか。

昭和23年から50年間専業で皮屋をしています。専業で皮屋をしている人はあまり多くありませんでした。親父は桧皮屋根葺きの職人でした。親方は藤原源二郎で、皮剝《む》きと屋根屋と両方やっていました。私は剝く方の仕事を覚えました。

当時は皮剝きと屋根葺きと両方やる方が多かったんですか。

それぞれ別で、私の住んでいる山南町は皮剝きも屋根を葺く方も多かったんです。上滝地区には90軒ほどの家がありましたが、皮剝き人は20～30人もいました。

一人前になるまでに何年くらいかかりますか。

7、8年かかりますね。3年ほどは弟子で仕事を覚え、後は仕事をしながら覚えます。ある程度覚えたら後は身体で覚えないことにはしかたがないですね。終戦後、兄弟子としばらく一緒にやって、それから昭和30年くらいに独立しました。独立する時仕事場は皮をはぐ所をやめた人にゆずってもらったり、後は新しく自分で山元さんを訪ねてやらせても

下から上へ桧の皮をはいでいく

らいます。山元さんは個人が多いですね。

現在、丹波には何人くらい皮を剝く人がいるんですか。

大野さん親子と小林さんと米田さんと私と5人だけになってしまいました。桧皮屋根を葺く事業主がある程度養成していかないといけないですね。現在ある桧皮屋根を保存するためには、桧皮師は２４０人くらい必要です。それがいまや、全国でも10数人に減ってしまっています。

高い所で滑ったり、足を踏み外したりすることはないんですか。

ありませんね。落ちたという人もちょこちょこありますけれど、私は落ちたことはないです。

保存会というのはどういうものですか。

社寺屋根の保存会（社団法人・全国社寺等屋根工事技術保存会）です。剝き屋さんで入ってくれている人は少ないんですが、みんなに入ってもらって一つになってやってくれたらいいんですが。保存会の研修会には屋根葺きなどの各事業所から４人ほど派遣されています。その研修会では講師をしています。

## 山の変遷

この50年間で山の様子は変わりましたか。

いまは山の手入れが悪いので、ほったらかしになって、山に入りにくくなっています。桧も若い枝のうちに枝打ちした方がいいですね。枝のあるところも間を縫って剝きますが、枝下の長い木の方が素性のいい皮がとれますね。上手くいけば1間《けん》半くらいの皮が取れま

皮を剝かれた桧の肌。見えているのが絹皮でその下に甘皮がある。絹皮はマキハダとして造船の防水用シーリングとして使われた

す。2間だと長すぎます。

主な仕事場は丹波と京都で、日帰りで行ける所が多いです。遠くに出かける時には、昔は山元さんに世話になったり、空き家を借りて自炊したりしましたが、いまは民宿に泊まったりします。お宮さんの場合は社務所の隣をお借りしたりしました。山の大きさによって、1カ所に1週間～10日いることもあるし、2～3カ月もいることもあります。雨の日は剝けませんから、実際に皮を剝ける日は年間に半分もありません。120～130日くらいですね。5、6、7月は剝けないし、1、2月は雪があって寒い所には行かれないし。

皮剝きの時期はいつからいつまでですか。

7月20日から翌年の4月の20日くらいまでですね。それ以外の時期は木のつわりといって、形成層ができる時期です。木の表面が柔らかくなって、木に傷がつくし、昔から剝きません。その時期は屋根屋さんの手伝いをしたり、皮を切ったりしています。

桧皮は薄い方がいいんですか。

1・5～1・8ミリです。12～13年で3ミリくらい成長します。それを2枚にはげば1枚の皮から2倍の量が取れ、質もそんなに落とさずに済みます。へら1本と縄を使って剝きます。へらはかなめもちを使って自分で作ります。

20メートルくらいロープを張りその間で作業をします。1本1時間もかからないので、半日で3～4本剝きます。2尺5寸に切り揃えて30キロを1丸にします。5丸で1駄です。3～4本で1丸の桧皮が取れます。

一番最初に剝く荒皮は使えないんですか。

きれいに掃除したら使えます。荒皮を剝いて、次に剝くのを黒皮と言います。後は8

丹後の黒皮。裏に見える斑点・トビツキが特徴

〜10年のサイクルで剝くことができます。大きな森では何人かで並んで切ることもありますが、基本的には1人ですね。木に登って、剝いて皮を落として、自分で拾って揃えます。甘皮、絹皮、黒皮の3層になっていますが、絹皮を綺麗に残すように剝きます。

　桧ならどんな木でも剝けるんですか。

桧は樹齢70、80年くらいになれば皮が剝けるようなります。植林した桧は皮がはしかくて取りにくいんです。木によって、はしかい木は取れませんし、粘りけのある木は取れます。ある一定の樹齢になれば3本に2本は取れます。剝きやすい木と取れない木もあって、人間の性分と同じようなものです。

甘皮を傷つけないように、へらを立てずに横に使います。へらの角度に気をつけます。慣れれば、甘皮には入らないようになります。丹波の黒皮は桧皮の中でも上等です。しっかりした皮で、締まった重たい皮です。

## 関東での桧皮はぎ

　桧皮は近畿地方が中心なんですか。関東にも桧はありますが、あまり剝く習慣はありませんね。

桧皮葺の建物が少ないですから。静岡くらいが遠いところで、岐阜や名古屋も行ったことがありますが。向こうに行くほど、皮がはしかいですね。同じ幅で同じ長さでも密度が荒く軽いんです。岡山の桧は少し赤くて皮自体はそれほど悪くないんですが、ちょっと軽いですね。九州には行ったことがないですね。山梨にも行ったことがありますが、それより東には行ったことがありません。

束になった桧皮。一丸は30キロ

実験的には茨城で5、6年前に荒皮を剥いていますが、次に剥いた時にどういう皮になるか楽しみです。取れるのは取れると思います。丹波の黒皮はちょっと他では取れません。京都も東丹波になり、京都の皮もいいです。

太い木からは広皮がとれるんですか。

太くて柔らかい木なら取れますが、太さではなく粘りけに合わせて幅を決めます。5寸もあれば十分です。あまり広くて取っても割れたら何にもなりませんから。

荒皮と黒皮を剥く時には違いがありますか。

黒皮はすぐに取れるけれど、荒皮は取りにくいですね。堅いし、パラついた感じがして皮が割れてしまいます。まずは、剥くことを覚えて、登るのはだんだん上に登るようになれます。絶えずいい皮を剥くことだけを考えています。丁寧に取らなければいけないし、木によって粘りも違うし、同じ調子ではいけません。途中で割れないように剥くことが一番難しいです。ぱっと剥けた時は気持ちがいいし、面白いです。

## 木も殺さずに、人間も生かされる

ご自身で剥かれた桧皮が葺かれた屋根を見に行かれたことはありますか。

京都御所の屋根は見ましたが、私のだけでなく全国から集めていますから。善光寺の時には10トントラックで桧皮を運んだんですが、いまでは集まらないでしょう。1駄で1坪葺ければいいですが、幅の狭い皮だと葺けません。皮を剥いても木が傷むということはありません。10年くらいのサイクルがいいんですが、剥く木がなければ8年くらいになります。神社やお寺の境内にあるのに剥かないのはおかしいですね。自分のところの屋根を葺

丹波の山と皮剝き風景

くんですから、裏山に生えている木を利用して屋根を葺ければいいんですが。

幹にとびつきができるのは丹波だけです。山元さんが傷が付いているように思われるのでいやなんです。5、6、7月が過ぎれば上に薄い皮ができて、とびつきも赤っぽい色も消えてしまいます。2、3年したら何もなかったようになります。桧皮として使われていることを説明していないから、参拝客が多いお宮さんやお寺さんは木が皮を剝かれて真っ赤になっているのを見ると参拝客が驚くのでいやがりますね。使われていることも知らずに、木を傷めているという感覚のようです。参拝客もどうしてここの木は赤いのかと言って通ることもあります。

みんながそういうことを分かることが必要ですね。桧皮は立木から剝いていることを知らないでしょうから。立木から剝いて何度も使うのは面白い技術ですね。

昔の人はよく考えたもんですね。15年も20年も前だったら、山元さんのところにトランク持って頼みに行って、「今日からお願いします」というと、「ああ、剝いてや」と言われましたが、いまでは先に一度行っておうかがいを立てないと具合が悪いんです。材木屋さんや大工さんでも剝いた木を嫌がる人がいます。

皮を剝くと木材としての質が落ちるという考え方は問題ですね。むしろいいことかもしれませんし、科学的に木に悪いことではないと説明することが必要ですね。木も殺さずに生かして人間も生かされるというのは凄い知恵ですね。切ってしまったら1回きりですから。何回も使うために甘皮を残しておく。その考え方が大事だと思います。

香月徳男／かづき・とくお
昭和２年　福岡県生まれ
昭和47年　民俗建築研究所設立
以後、民家研究に専念
昭和56年　西日本水車協会設立。同常任理事、事務局長、市民水車大学運営委員会代表

中村忠幸／なかむら・ただゆき
大正14年　福岡県生まれ
水車大工。市民水車大学八女伝習所所長。15歳で父親の水車大工、中村藤市に師事。戦後、八女地域のただ一人の水車大工として水車とその伝動装置の制作、営繕に従事
●市民水車大学／福岡県久留米市山本町豊田１５８２-２
電話／０９４２-４３-２１４３

『木の建築』9号（昭和63年7月）掲載

# 市民レベルでの水車技術の伝承を

市民水車大学　香月徳男・水車大工　中村忠幸

水車といえば過去の遺物。民芸風レストランの客寄せに使われることはあっても、現代日本の工業化社会で実用に使われているところが現実にあるとは容易には信じがたいところでしょう。ところが、九州は筑後川流域では現役で稼働する水車が30は下らないというから世の中広いものです。まして、その技術伝承のために今度市民水車大学が開校したというからこれはただ事ではないようです。まず市民水車大学の生みの親、香月さんが水車に関心を持たれたきっかけからお聞きします。

## 市民水車大学の設立

**香月**　昭和47年に朝倉の重連水車を県の文化財にしようという話が持ち上がり、そのために水車の実測を行い、報告書を書いたのがそのきっかけです。そしてその後昭和50年に、筑後川中流域の再開発事業計画で、この重連水車群を撤去し、水路を三面張りにする計画が出てきたんです。私はこれは大変なことになると、しかし、ご存知のように水利の問題は川上と川下で複雑な利害の対立があり、地元農民側でも意見がまとまらず、どうにも打開策がなかった。文化庁に保存を要請しても、水車保存の前例や基準がないという理由で取り上げてもらえませんでした。

動力水車の構造と名称（『日本の水車』黒岩俊郎・他編より）

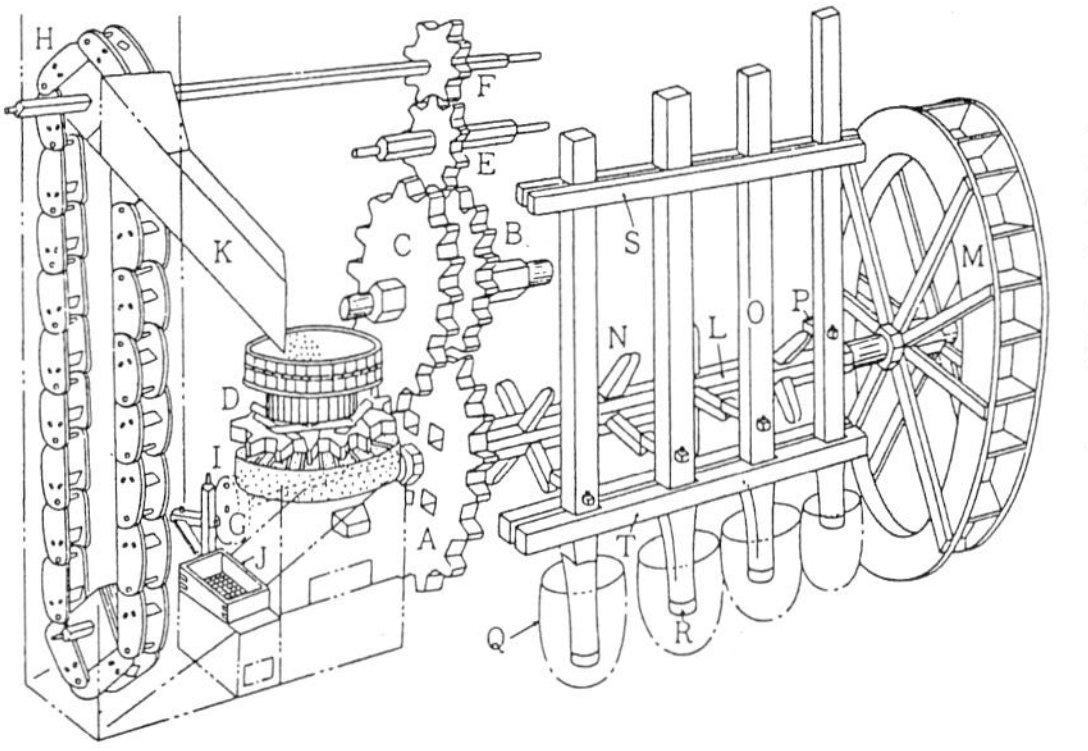


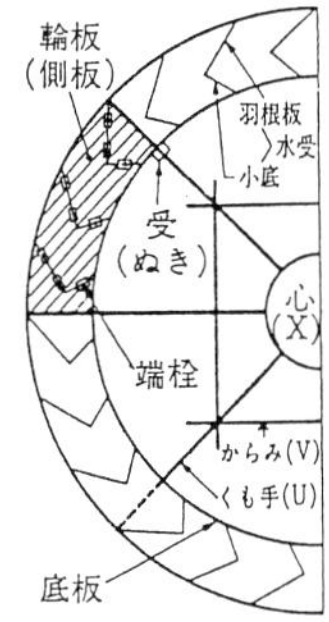


水輪の断面名称

A　大万力、ゼンメイ、ガンギ（駆動歯車）
B　寄せ万力（滑り歯車）
D　臼万力、竪万力（従動歯車）
H　せりあげ、昇降機、捲上（エレベーター）

そこで昭和54年に水車シンポジウムを開きました。このシンポジウムの狙いは水車の存続か撤去かに対する地元の意見を広く聞くことと、もう一つは、この重連水車を見た多くの研究者が、これはすごいとびっくりたまげるわけです。これがきっかけでここの重連水車群の撤去は見直され、県の民俗資料として指定されますし、また実際にいまも揚水水車として30ヘクタール以上の田んぼを潤しているのです。

そのシンポジウムで八女には20ちかくの水車が健在であることが判明し、地元の私も大変おどろかされました。ひとつの流域のこれだけの水車群が集まっているのは全国的にこの筑後川流域だけなんですね。そして、昭和54年にその八女郡黒木町で第二回水車シンポジウムが開かれ、その内容は水車保存というよりは、新しい水車の利用法を考えようというものでした。その時はイギリスのマンチェスター大学からの参加もありましたし、クリーンエネルギーとしての水車の再評価を訴える一橋大学の室田教授のグループも参加し、大いに盛り上がりました。

西日本水車協会はそのような運動の中で昭和56年に水車の保存と再開発を目的に結成され、現在92人の会員がおります。筑波の科学博にも、協会として朝倉の三連水車の展示に協力しました。そして今年の春に協会として市民水車大学を発足させ、その第一号の伝習所として八女伝習所が開講しました。

この市民水車大学の狙いは。

**香月**　最終的には水車大工の後継者育成です。これだけの水車群が残っていますが、その維持管理をやれる水車大工は2人しかいないし、おまけに2人とも60歳を超える高齢者というのが現実です。そのためにはまず、すそ野の拡大ということで、水車に愛着を持つ人

I 板万力（間欠歯車）
J ふるい、粉透（フィルター）
K 大どよ、流込み、樋（ダクト）
L 心棒、受心（原動軸）
M 水輪（みずわ）
N なで棒、なで木、鯱（カム）
O 胴搗棒、胴搗心、搗棒（スタンプ）
P 天狗鼻、羽子板、つば、まんじゅう（カムフローラー）
Q 搗臼（スタンプミル）
R 金ぐつ
S 上杵通
T 下杵通
U くも手、観音、アミダ棒、杓柄、御光、日ノ脚（スポーク）
V くも手、観音、アミダ棒、杓柄、御光、日ノ脚（スポーク）
X 心、金心、太鼓、元心棒、大心（大真）、ロクロ（ハブシャフト）
Y もたせ、まくら（プレーンベアリング）
（原図は佐藤禎一。用語は佐藤禎一、香月徳男、寺木啓、出水力らの調査による）

をできるだけ増やすことから始めようと。イギリスのSL保存会では銀行員や警察官、学校の先生方などアマチュア愛好家がボランティアで30キロメートルの区間をSLで運営しています。それと同じように水車大工の技能伝承を、まず市民レベルで始め、すそ野を広げられれば、いつか水車の新しい需要が出てきた時に、その中からプロが、つまり水車大工の後継者が出てくれるのではないかと考えているんです。

開講して初年度の現在、15人の受講者が研修中とうかがいましたが、どのような人が何を目的に入校してくるんでしょう。

**香月**　実にまちまちです。単なる趣味のために始めたという人。本職の家大工、大学生、福岡の開発公社の役人等。本職の大工さんは、おそらくお客さんから観光用に建築と込みで仕事を頼まれたか、あるいはそれを予測して来たのでしょう。開発公社の方はわれわれが将来水車を通して開発途上国と地域交流をしようという目的に賛同して、そのために自分も水車を勉強したいということで来られています。

通学が原則ですから、この近所の人が中心ですが、最近群馬県から泊まり込みで研修を受けたいという打診があって対応に追われているところです。その人は若い人ですから、趣味ということではなく、村起こしやエコロジー運動の核として水車を造りたい、その技術をマスターして自ら造りたいということのようです。

ここで一定の研修を受けると何が習得できるのでしょう。

**中村**　毎週火木土日の4日間開講で、受講者はその中の都合のよい日、週1回来てもらうとです。直径3尺の小さい水車を16教程、80時間で完成させる内容ばってん、実際は120時間くらいかかるとです。

朝倉の揚水水車の芯

それで水車が造れるようになるんですか。

**中村**　３台は造らんと覚えんとです。そいで覚えるのは水車の車輪だけやけん、もっとむずかしかと動力伝動装置ば教えるとに、専修コースがあるとです。

## 八女水車と水車大工の歴史

中村さんは水車大工として三代目だそうですが、当時は水車大工はたくさんいたのですか。

**中村**　私が知っているだけで5、６人いた。水車大工は、家大工より給料は二割高かったとです。昔は水車大工専門じゃなし、建築もすりゃ、水車もするというごさるですたい。いまは水車する人が少なかけんで、専門にやっとるとです。

ところで八女の水車の用途は線香水車（線香の燃え草となる杉の葉を粉にひく水車）ということですが、現在何台稼働しているのですか。

**香月**　13台です。最盛期から見れば台湾や韓国に押されてジリ貧です。戦後の最盛期には30台以上あったようです。やめたところは電動でやっていたところが多く、いま残っているのは水車を使う零細な家内工業で、それだから潰れんのです。結局水車が一番経済効率が良かったということです。というのは、水車の耐用年は15年か20年でだいたい３年でもとがとれるんです。また、原料となる杉の葉の生産量から見ても、一時は不足気味で、現在の生産量が適量で、いま動いている水車が安定生産できる数のようです。

このあたりの水車の大きさは直径16尺が標準だそうですが、それを造るのにどれくらいの手間がかかるのですか。

**中村**　50人工でやります。ただ、水輪作るだけなら50人ばってん、その材料は用意せんな

朝倉の三連水車（写真／香月徳男）

らんでしょうが。製材所じゃ寄せきらんですもん。こげな曲がった木は。結局自分でみつけて伐って出さないかんもんで、水輪1台作るのにどげん早かでも3カ月かかる。材料は芯木が松や楠、欅があれば一番最高ですたい。あとの材料は杉か松の70年から80年以上のもの。そのくらいならにゃ都合よう根元の曲がった木のなかです。丸い水車の側板はそいつがないと作れんとです。そげんして毎年水車は平均3台、一番多か年は7台造ったとです。それに中の伝動装置の修繕せないかん。こげな歯車が全部木ばかりだったろ。その時分で27軒ばかりの水車もっとりました。そやけ修理に1年で全部廻りきらんやった。

水車を造る時に一番難しいところはどこですか。

**中村**　それはまず芯木ですたい。くも手が扇のように広がっとりましょうが、そのくも手の角度の穴を芯木にまっすぐあける特別の定規があるとです。それから中の伝動装置では歯車の計算。計算が間違うたら全然できん。歯車のあゆみ（ピッチ）を直径に対してなんぼ、そして歯車を何本と計算して、そういうことが図面ば引けることとなってるともう大丈夫たい。

水車は廻っていないと傷みが早いという話ですが。

**香月**　水車の重さのバランスなんです、しばらく止まっていると濡れているところと、乾いているところで重さのバランスがくずれ、水車が早く廻ったり、遅く廻ったりしてスムーズに廻りません。それは造る時も同じなんで、一枚一枚重さが違う板をバランスをとって組み立てないといけないんです。

**中村**　木が同じ重みじゃなかでしょ。最初に重かと軽かと選び分け、それば交互にして配置するとです。それで水車が偏心せんように組むとです。そこが難しい。

海外との技術交流を目的のひとつにあげていますが、その狙いや意義について。

**香月**　開発途上国へ技術援助を行う場合に、いまのやり方のような、巨大な発電所を造ったり、大規模な資金を投入しても、政治が腐敗するだけで、庶民の生活はちっとも良くならない。そこへいくと、水車の技術は村の電気を4軒でも5軒分でも作ってつけるのに役立つ。現にネパールの山中で日本のタクシーの運転手が全くボランティアで苦労して水車を造って村の電気をつけたとか、そういう話がでてきている。そういう人たちに、ここに来て研修を受け技術を伝承してもらいたい。ですから、国や県もぜひこういう小さな技術に目を向けて海外からの技術研修に力を貸してほしいし、そういうことができればもっと堅実な技術援助につながると思います。私としては、そこにこの市民水車大学の最も大きな意義があると考えているのです。そのような可能性を残すためにも技術を伝承しなければできないでしょう。

**中村**　技術が残っておれば、新しい頭を持った人が使う道をみつけるとです。

**香月**　機械学者は水車のメカニズムは解明しつくした。これ以上の発見はないと言いますが、私はそんなもんじゃなかろうと。何か先端技術とドッキングすれば、新しい技術開発も生まれるはずです。九州大学の建築学科の学生が研修を受けていますが、ああいう人がここでの経験を将来建築の設計に応用してくれるように思います。

　こどもたちが朝倉の三連水車を見に来て、皆、水の力にびっくりして帰ります。そういう感動が新しい技術を切り拓くわけだし、何とか水車を生きた形で残し、そのために水車技術の伝承が不可欠なことなのです。

朝倉の三連水車

霞ヶ浦の湖上を走る帆曳船（写真提供／玉造町役場）

# 帆曳船の復活で木造船の技術伝承を

船大工　田上一郎・田上勇一

霞ヶ浦に失われつつある帆曳船の造船、操船の技術を後世に伝えようと、茨城県・玉造町が帆曳船復活に取り組み始めた。1994年4月に玉造町魚協組合から発注を受け、完成間近の10月に田上一郎さん、長男の勇一さんにお話をうかがった。現在、沿岸には観光用に数隻が存続しているだけで、技術の継承のほか観光事業としても期待されている。

田上一郎／たがみ・いちろう
昭和8年生まれ
昭和24年　船大工となる
　田上造船代表取締役
田上勇一／たがみ・ゆういち
昭和36年生まれ
昭和60年　ピアノ調律師などを経験後、
　船大工となる
『木の建築』34号（平成7年1月）掲載

## 木造船の衰退

いつ頃から船大工をなさっていますか。

私で三代目です。霞ヶ浦のワカサギ漁がトロール漁に変わったのが34年前で、その前では帆曳船を造っていました。それでも15年前くらいまでは木造で小振りな船を造っていましたが、その後は強化プラスチックになったため木造船の注文はなくなりました。それでやむを得ずＦＲＰの船の修理や販売、養殖場の給餌機のトレーなどＦＲＰ製品をいろいろ製造しています。

最後に帆曳船を造ったのはいつですか。

昭和39年ですから、30年前になります。父とは一緒に仕事をした期間が短かったので、だいたいの仕事は教えて貰いましたが、後は自分で他の仕事場の手伝いをしたりして覚え

焼き曲げ

お椀で水をかけて温度を調節する

ました。中学を卒業してこの仕事に入りましたが、その頃は帆曳船を盛んに造っていました。形は全く同じですが、いま造っているものよりはいくぶん小振りでした。

職人さんはたくさんいたんですか。

玉造に4人くらいいました。そのほか出島、麻生にもいました。当時造船組合というのがありまして、霞ヶ浦周辺の組合員が16人くらいいました。だいたい1人、2人でやっていました。

## 単純だけれど高度な造船技術

造船技術の一番の要点は何ですか。

板のはぎと曲げる技術です。長さと幅を3カ所で決め、後は実際の板の曲がり具合で決まります。最初に底板を造り、みよしを立てて、側板を当てていきます。和船の場合は、船底、側板と張って終わりですが、洋式の船の場合は、竜骨を先に立ててそれに合わせて側板を張っていきます。和船は側板を張った状態では、竜骨は付いていません。竜骨の替わりに突っ張りを入れて開きを決めて、船梁で固定し、竜骨はその角度に合わせて削っていきます。だから設計図がありません。洋船は設計図で竜骨の角度を決めてそれに合わせて側板を曲げていきます。平らな所を合わせるのは簡単ですが、曲がった所をぴったり合わせるのはたいへんです。

はぎはどのようにするんですか。

合わせた板を摺り合わせで挽き直して、玄能で叩いて木殺しをして釘で止めます。板を合わせる時はよく乾燥させた木をあらかじめ摺り合わせておいて、良い天気の日を選んで

板の接合部を銅板で保護する

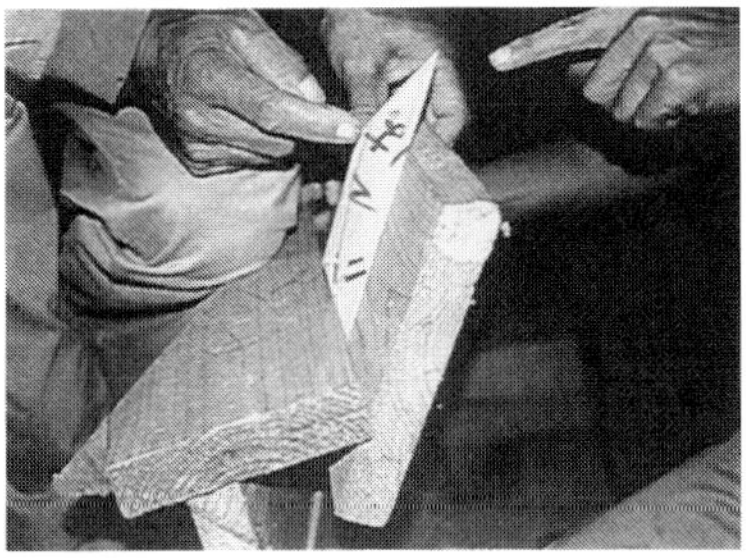
バカを使ってはぎ合わせる板の角度をうつす

朝晩の湿気の多い時間は避け木殺しをします。乾燥が大事ですね。

どうやって板を曲げるんですか。

焼き曲げです。焦がさないように水をかけながら焼きます。蒸気で蒸す感じになります。1時間くらいで曲がります。木の性質によっても違いますが、やはり戻りますからどのくらい戻るかを計算して曲げます。釘は鉄製でさっぱ、小ざっぱ、通し釘の3種類があります。風に叩かれるので、緩みがないように釘が早く錆び付いた方がいいので、釘をなめたりして使います。今回は広島の鍛冶屋さんに送ってもらいました。

材料は杉が主ですか。

はい、以前からずっと杉です。竜骨は欅です。みよしは櫓で漕いでいた時代は杉でしたが、いまはほとんど欅です。

以前はこの辺と、千葉県の佐原に船板屋がありましたから、乾燥材を買うことができましたが、いまは丸太を買って製材してもらい、1カ月くらい乾燥させてから白太を取り、その後2カ月くらい乾燥させて使います。

どのくらいの樹齢の杉を使うんですか。

200年以上の赤身です。目通りの周囲が6尺5寸~7尺で、長さ6間《けん》、末口の直径が1尺3寸くらいです。今回は千葉の八日市場で仕入れました。土地の杉を使うのが理想的で、以前はこの辺の杉を使っていました。ただ、同じ杉でも千葉の物の方が油分が多く、船にした時の耐用年数が長いようです。

厚さはどこも同じですか。

船底が1寸5分で、側板が1寸です。もう少し大きくなると1寸1分にしたりしますが、

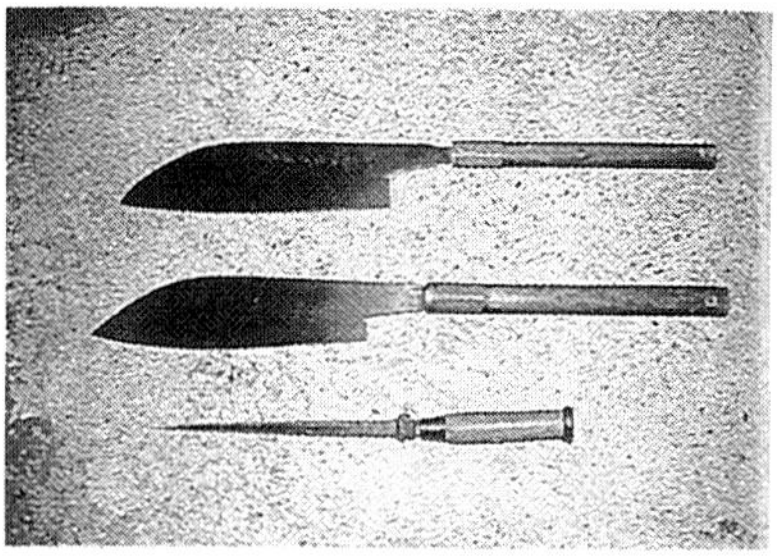
上／すり合わせこば　下／つばのみ（穴あけ）

上／けびき　下／くちひき

だいたいは1寸です。つばのみで穴を開け釘で止め、埋木をします。竜骨の部分はボルトで止めています。水に浸かり通しの所は案外腐りませんから、材質に重きをおいていません。それよりは、濡れたり乾いたりする側板に良い木を使います。

埋木の部分と銅板を張っているところはどう違うんですか。

内側の見えない部分の釘は腐りの心配がないので埋木をし、外側の水に当たる部分は緑青が腐りを止めてくれますから銅板で保護します。まきはだを防水のために釘やボルトの穴や寝板と上棚の合わせ目に詰めています。

技術的には単純ですが、一つひとつは高度な技術ですね。一番難しい部分はどこですか。

船首の曲線の部分ですね。後は船底の部分と寝板と上棚の合わせですね。真っ直ぐな部分はそんなに苦労はありません。船首の部分は15センチおきに角度が変わります。先の部分ほど波が当たりますから、少しでも隙間があると水が入ってしまいますから。

## 造船技術を伝承する

久しぶりに造られてどんな感想ですか。

しばらくやっていないもんで、嬉しい反面、不安がありましたが、こういった企画はありがたいです。長く使ってもらうために良い物を造ろうと頑張っています。今回は玉造町の漁協の観光事業ですが、造船技術の伝承というのも考えてやってくれたようです。

続けて造るというような可能性はありますか。

潮来辺りでも欲しいというような話はあって、去年設計図を書いてくれないかと頼まれたんですが。出島、土浦の観光用帆曳船の渡り板、防弦材、竜骨の交換などの修理はやっ

仕上げ用の手作りの小鉋

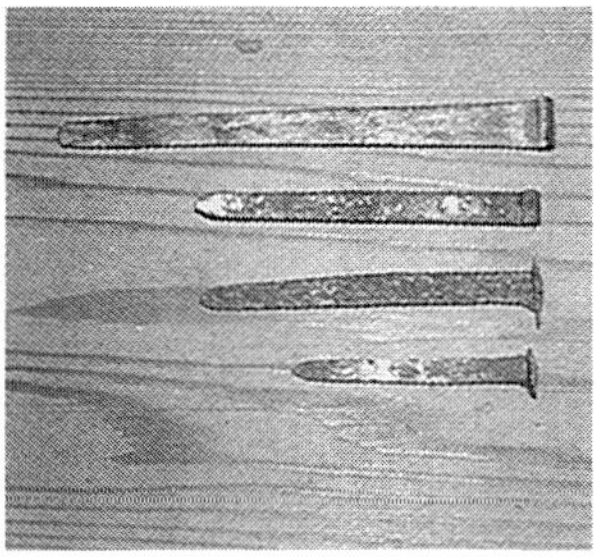

上から通し釘、さっぱ、小ざっぱ

ています。

勇一さんは小さい頃に木造船の手伝いをしたことがあるそうですね。

はい。今回は、早く仕上げなければいけないということで、じっくり教えてもらう時間はありませんでした。手伝っていただいた職人さんと親父が違う仕事をしている場合には、どちらか一つしか覚えられないということもありました。

面白かったのはどんな点ですか。

木造船の場合は現物合わせの部分が多いので、木の性質や節などを見極めていって、ピタッとくっついた時の感激は格別ですね。後は水に浮かべてみないと分かりませんね。だいぶ私が手掛けたところがありますから……。

難しいところはどこですか。

親父からもここが肝心だと言われた小刃でやる摺り合わせで、単純に挽くだけではなくて前から後ろまで同じ感覚で仕上がるまで摺るわけです。板を合わせて天井から突っ張りを入れて押さえて静かに曳きます。板の切り口に摺り痕が短く入るとそこから水が入る可能性がありますから、斜めに擦ります。

お父さんの技術を受け継ぐにはあと何艘くらい造らないといけないですか。

50艘とはいわなくても、もう少し小さい船を1年くらい期間を見てもらって、10艘くらい造らないとだめですね。

一艘で技術伝承は無理ですね。

**一郎**　ただ、修理に関しては、いろいろな仕事をやらせましたから、大丈夫かなという気がしています。

制作中の帆曳船

**勇一**　この大きさでも1年くらい時間をもらえれば、できないことはないかなという気もします。

　帆柱はこちらで造るんですか。

漁協で用意するそうです。孟宗竹を使います。ほその部分はこちらで造ります。

　勇一さんは、これからどんな仕事をしたいですか。

船の仕事は続けたいですね。FRPですとメーカーの船を渡すという感じですから、模型でもいいですから木船の仕事をしたいですね。潮来の菖蒲の娘船頭さんが使っている船も一時FRPになりましたが、最近は木造に戻ってきています。

　最近保存のために模型を作ることがあるようですね。霞ヶ浦でも舟遊びをするようになれば、木造船がいいということになりますね。長い目でみれば、将来また木造船が復活してくるということも十分あると思いますが、その時に職人さんがいなくなっていたんでは、造れませんから頑張ってほしいと思います。

　曲げる技術が面白いと思うんです。必ずしも船ということではなく建築や家具に曲げやはぎの技術を応用できると思いますね。

なんとか木造船の技術を覚えて、関連した仕事をしながら木造船の仕事を続けていきたいと思っています。風呂なんかは、たまに親父が頼まれて造るんですが。桧など贅沢しなくても杉でいいものが造れます。ほかにも機会があればいろいろな仕事をしてみたいと思っています。

強力　淳／ごうりき・あつし
昭和22年　三重県・大湊町（現伊勢市）生まれ
強力造船所　総務部長、G・WOOD事業部長。伊勢大湊匠の会メンバー
『木の建築』4号（昭和62年6月）掲載

# 木造船の復活を

強力造船所　強力　淳・船大工　三川充三郎・船大工　出口元夫

## 対照的な和船と洋船の技術

大湊で木造船を造っていたのはいつ頃までですか。

**三川**　私のところは昭和36年までです。大湊でも最後まで木造船を造っていた方です。戦後、年間4～5隻の木造船を建造していました。主として100トン～200トンの漁船で、235トンのマグロ遠洋漁船が戦後最大でした。木造の漁船は100トンまでが一般的でそれを超えるものは日本各地からこの大湊に注文がきていたようです。

**出口**　私のところは昭和41年まで造りました。漁船が遠洋漁業の発達とともに大型化するなかで、大型船から徐々に鉄鋼船に移行していきました。私のところは比較的小さいものが多かったので、遅くまで木造船の注文があったということです。

木と鉄とFRPでは、規模でいうとどのような使い分けがされていたのですか。

**出口**　昔は漁船は皆木で造っていたわけです。それが大型船は鉄鋼船に、小型船はFRP船に替わったということです。50トン以下の鉄鋼船は鉄板の厚さの関係で、重くなり過ぎて不利になります。その辺が境目と考えてよいと思います。もちろん100トンを超す大型のFRP船もありますけれど。

樹種はどんなものを使いますか。

三川充三郎／みかわ・じゅうざぶろう
大正4年　三重県・大湊町（現伊勢市）生まれ
昭和21年　強力造船所入社
長く技術営業部長として、木造船、鉄鋼船の設計に従事。現在、強力造船所技術顧問

出口元夫／でぐち・もとお
大正13年　伊勢市竹鼻町生まれ
出口造船所社長。終戦後、家業の造船業を引き継ぎ、木造船、鉄鋼船、FRP船の設計製造に従事

**三川**　漁船と貨物船では少し違います。漁船の方が良い材を使います。漁船の場合は、竜骨と肋骨は欅、ビームも主なものは欅で、その他は松、外板は杉の赤、デッキは桧です。貨物船の場合は、骨は全部松で、その他は漁船と同じです。上等な仕事では桧以外を使うこともあります。

外板材として杉と桧を比べるといかがですか。

**出口**　材質は断然桧です。油気が多いですし、ただアカ（船内にしみ込む海水）止めとしては杉の方が水を吸うと良くふくらむので楽です。洋船の場合は、外板の継ぎ目のアカ止めにホーコン（麻の繊維に油をしみ込ませたもの）をつめますが、和船は木をはぎ合わせるだけで、そのようなものは使いません。もちろん長年使ってアカがもれてくれば、まきはだ（桧の甘皮をほぐしたもの）をつめますが、新造船には使いません。それは和船独特の板はぎの技術によるものです。洋船にしろ和船にしろこのようなアカ止めには杉の方が向いています。

構造的には和船と洋船ではどのように違いますか。

**三川**　和船は板が主で、骨が従、洋船は逆です。つまり、和船は外板でもたせる構造で、肋骨は補強ですね。竜骨や肋骨が主構造となる洋船と比べると和船の構造は単純ですが、技術を要します。洋船は運輸省の造船構造規定どおりに造ればいいから、そんなに難しいことはない。和船は外板でもたせる構造ですから大きさに限界があります。木の使い方から見ても、和船は外板に大径木を必要とします。洋船は竜骨に大木を使いますが、外板は小幅のものを使います。作り方も和船と用船は対照的です。洋船は竜骨と肋骨をまず組んで、それに合わせて外板を曲げて張り着けていきます。和船は逆で、仮の肋骨を組んで板

和船の板はぎ技術

①すり合わせ――板をしっかり合わせておいてそのあい口を再び目の細いのこで切る。これで板どおしが密着する

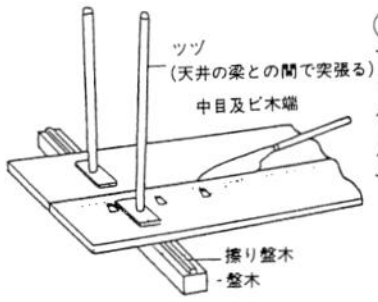


②こなしあい――次に両方の板の木端をかなづちでたんねんにたたき、そして落し釘（縫い釘）ではぎ合わせる。板が水を吸うとこのたたかれた分がふくらんで完全に水密になる

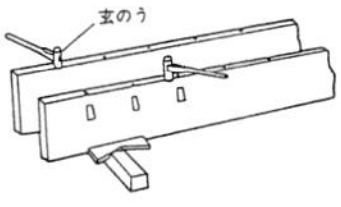


③はぎ付け

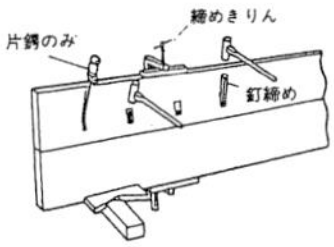


④埋め木

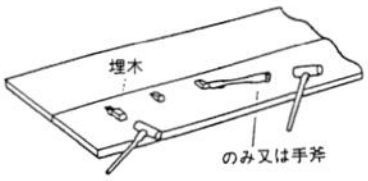


を焼いて曲げて組み、外板全体が組み上がると、それに合わせて肋骨を後から着けます。板の曲がり具合に肋骨を合わせるわけです。

和洋の技術の特徴がよく表われていて大変面白い話ですね。板を曲げるのは焼いたり、蒸したりして、熱くして曲げるということですが、竜骨や肋骨はどのようにするんですか。

**出口**　肋骨は木の根の曲がりを使用します。木造船構造規定には天然の曲材を使えと規定してあります。

そのような曲材は材木屋で買えたわけですか。

**出口**　曲がった材は皆よってたかって買いました。材木市のセリで曲がりは曲がりで別に競るわけですが、あの当時は直木のいいやつより高かったですね。いまは曲がりは焚き物にもならんですね。

## 25年ぶりの木造船

現在、強力造船所には15人の船大工が残っていると聞いていますが、どんな仕事をしているわけですか。

**三川**　魚槽や船室はいまでも木で造りますから、その仕事が中心です。ほとんどが50代の人たちです。

昨年、25年ぶりに木造船を建造されたということですが。

**三川**　昭和30年頃まで伊勢に舟参宮という習慣がありまして、伊勢湾の各地から舟でやって来て、川を遡って参宮したんです。笛太鼓をどんどこ叩いて上って行くので、どんどこさんと呼ばれていました。その舟着場にお茶屋さんがあって、お餅とお茶で一服するので

和船の板はぎ技術を生かした机と椅子

大変にぎわっていたんです。そのお茶屋さんが舟参宮を復活したいということで木造船の注文がきたというわけです。それが今度造ったどんどこ丸です。

25年ぶりの木造船ということで、困難な点はありましたか。

**強力**　特にありません。船大工は体で覚えていて、何ということはないのです。どんどこ丸は約2トン程度の和船ですが、工期一カ月、建造費用は約300万円です。ただし、儲けはなしでです。木材は名古屋の材木屋で買ってきました。長さ12メートル、太さは末口で1尺2寸の杉を厚さ1寸2分にひいてもらいました。

和船は1本の木から造れるんですか。

**出口**　肋骨やみおし（水押：船主材）を別にすると、1本の木から造ります。丸太を6枚とか8枚とか偶数の厚板にひいて、それを船の両側に左右対称に使うわけです。

**強力**　ただこの杉は葉枯らししてあったので、油気が抜けて曲げにくかったようです。生の方が曲げやすいんです。

釘はどうなんですか。

**強力**　もう地元では手に入りませんので、落し釘（縫い釘）は大阪の船問屋で買ってきました。頭釘は昔のものがうちに残っていて、それを使って間に合わせました。船釘は一本一本手作りで、もうこの辺りには作る人がおらんです。

いやもう25年ぶりの木造船の建造ということで、マスコミに取り上げられ大変でした。船主の餅屋さんは納品前に元とったんじゃないですか。

木造船の良さはどんなところでしょう。

**強力**　まず、居住性ではないでしょうか。汗のかき方がまるで違うそうです。それに、こ

ゴーリキ・ウッドカヌー／厚さ6ミリの杉板を小幅にして接着剤ではぎ合わせ、表裏をFRPで補強。設計は匠の会メンバーの大和隆道（元ヨット造船所α工房）、13、14、16フィートの3種。この他に帆走用カヌーも開発

れは小型船の場合ですが、FRPと比べて揺れ方がまるで違う。木造船は重みがあってパチャパチャ水を叩かない。また、釣船の場合など、風に流されにくい。どんどこ丸に毎日潮水をかけているんですけれど、日に日に艶が良くなります。

**出口**　最近の人はそれを嫌うのです。FRP船は手間かけんでも、ほったらかしでもよい。木船は毎日潮かけないとすぐ雨がもるようになります。さらにほっておくと、乾燥して割れてしまいどうにもなりません。絶えず船底を掃除しておかないと線虫にやられます。FRP船はふじつぼやのりがついて多少スピードが落ちる程度です。

　FRPに替わった昭和40年当時は、木造船の3倍の値がしましたが、それでも手入れが楽ということでFRP船が好まれたんです。それが量産されて、ほぼ木造船と同等の価格になり、FRP船にすっかり替わったわけです。

　また、戦後の乱伐で木材の値が上がり、大径木が入手しにくくなったことも、木造船の衰退した大きな理由です。

## 木造船の復活を

　この造船不況の中、木造事業部をつくられたきっかけと目的はなんでしょう。

**強力**　約2年前に発足しました。船匠の技を生かして、船に限らず新しい木工品の開拓が狙いです。初めは和船のはぎ合わせの技術を生かした机と椅子を開発し、試作しました。そして昨年、伊勢大湊匠の会を結成しました。これは船大工をはじめ、帆を作る技術、櫓《ろ》、櫂《かい》を作る技術を現代に生かす道を探るのが目的です。

　その一環として昨年開発したのが木造カヌーです。船大工の技術を生かそうとすると、

板の焼曲げ

和船では商業ベースには乗りませんからね。それで、東京や名古屋のデパートで展示会をやりました。とてもいいといわれています。乗るのがもったいないくらいだと。しかし、購買にはなかなかつながりません。これからは製造業だけではなくて、今度カヌークラブをつくりまして、遊び方からやろうと思っています。

話は変わりますが、ＦＲＰ船の廃船処理が問題になっていると聞きましたが。

**出口**　それは確かに深刻な問題です。ＦＲＰ船が普及して20年になり、多くのＦＲＰ船がこれから寿命を迎えます。その廃船処理に決め手がないんです。非常な高温とガスを出しますからとても危険で、浜で燃やすことはできません。それで再利用可能な素材として、小型船をアルミで造ることが最近注目されています。三割程製造コストは高くなりますが、スクラップを再利用できるので、長い目で見れば高くはないということです。

腐らないから普及したＦＲＰ船が、いまや腐らないために処理に困るという皮肉な結末ですね。そこで再び小型船をＦＲＰに替わって木造にするという可能性はないんですか。

**出口**　確かに最近、新聞などで日本の木材が余ってきているといわれていますが、それは間伐材《かんばつ》や小径木で、とても造船材になるような大径木は安くなるとは思えません。

**強力**　しかし、ＦＲＰ船の廃船処理問題は木造船を見直すひとつのチャンスだと思います。昔の和船に戻れというのは飛躍ですが、なんとか新しい木造船の可能性を探っていきたいし、それが我々の義務だと思っています。

和船どんどこ丸の完成（写真提供／強力造船所）

樹齢約３５０年の松を挽く

# 木口を見ればふところが読める

木挽棟梁　林　以一

木場といえば大木に乗って大鋸《おが》で挽く木挽《こびき》の姿が思い浮かぶ。それも一昔前の風物詩かと思いきや、製材機がこれだけ発達しても木挽でなければ挽けないものがまだまだあるということです。考えてみれば、木挽は日本の木造文化を支えてきた陰の立役者に違いない。その技を今日に伝える名人に極意の一端をうかがいました。まずお仕事ぶりからお聞きしましょう。

林　以一／はやし・いいち
昭和4年生まれ
19歳で弟子入りし、木挽ひとすじ40年。林組の親方で、2人の木挽職人をかかえ、木場の銘木を支えている
『木の建築』21号（平成3年9月）掲載

## ふところを読む

木挽のお客さんは材木屋さんですか。

銘木屋さんですね。この木場の仕事は、ここの組合員（東京銘木協同組合）がお客さんです。ここの市場には全国の銘木が集まってきます。ここで取引された銘木のうち長物や大径木、ねじれたやつなんかは製材機では挽けませんので、ここで木挽が挽いて製品にするわけです。

木取りは誰が決めるんですか。

お客さんと相談しながら、最も効率が良くて価値が高いように木取りするんです。お客さんによって、幅広のものが欲しいとか注文があるわけです。でも見てみると、なんかキズが出そうな感じがすると、そこはやめたほうがいい、こっちにしましょうって相談しな

二人の木挽が両側から大鋸を挽く

がら決めます。

たとえばこの木ですと、この面がキズが出ないように見える。われわれの言葉で言うとふところが効くと言うんですがね。節は中に隠れていますから、そこを見定めないといけない。そこは長年のカンですね。たとえばこの木口の年輪を見ますと、ところどころ年輪が細かくなっているんですね。それはその年に何かあった。台風かなんかで枝が落ちたんで、そこから育ちが悪くなって年輪が細かくなっているんですね。つまり、そこから先は節がないと読むんです。それから木口の方にウロがちょっとある。それから裏の面に大きくウロが入っている。そうするとそのウロはつながっているなと読みますね。

木口を見ればふところが効くところが読めるというわけですね。

そうですね。それから面を見まして、木目がきれいに出るところを木取るわけです。

両側から二人で挽いていますけど、よく鋸《のこぎり》がぶつかりませんね。

相挽きといいます。相手が鋸をザーッと挽く音を聞いてから自分の鋸を差し込むわけです。

途中で曲がりませんね。

職人が挽いた面を覗いてますでしょ。あれは曲がりを確かめている。途中で斜めに目が入っているところにくると片面で毛羽だつんで、そこで鋸が押される。反対の面はきれいな面ですから、そっちの方に鋸が逃げちゃう。それを防ぐために、目立てで調整するんです。反対方向に曲がるように鋸の目立てをするんです。それが直ったら、またまっすぐに目立てし直します。

鋸の刃を金槌で叩いてますでしょ。あれで刃をちょっとだけ曲げているんです。ですから前もって目立てするわけにはいかないんです。現場に行って木を見てから、その木にあった目立てをするんです。硬い木はあんまり食い込まないように、自分の力に応じた目立てもしますし。

鋸は大鋸一種類ですか。

長いの、短いのいろいろありますが、基本的には大鋸一種類で、それから玉切鋸です。特殊なものでまわし挽き用の幅の狭い鋸があります。

## 杉が一番難しい

こんな太い松は今時珍しいんでしょうね。

昔はたくさん出たんですけど、みな松食虫にやられてしまって。この松は樹齢約350年。隠岐島の天然記念物だったものですが、とうとう枯れてしまった。松は本当に味のある木です。

いまここで扱う木はほとんどが欅ですね。社寺建築の用材が多いんですが、関東では欅が意外にはったりがきくんで、お金持ちの住宅にも使われますね。関東では本当に松の良さがわかる人は少ないですね。でも何といっても杉と松ですね。欅も確かにいい木だと思いますが、住宅では圧迫感を感じます。欅の格天井ではくつろげないですよ。なんだか頭から押さえられる感じでね。硬くて木目が強いせいですかね。その点、杉は飽きがこなくていいですよ。あったかみがありますし、昔は安い家も上等な普請も皆杉でした。それだけ幅のある木なんですよ。

木挽さんから見て、一番難しい木は何ですか。

挽いた面をのぞいて確認。逆目などで鋸が曲げられるのを予測する

それはやっぱり杉ですね。色はよくなくちゃいけないし、そしてある程度油がないとだめ。もちろん木目も大事。挽く時に木目をのせなくちゃいけませんでしょ。つまり目が切れちゃいけないってことですがね。木目でも中杢が好きな人もあれば、笹杢、うずら杢とかいろいろありますし、葉節が出たらいけませんし。一番難しいですよ。欅を使う人はそこまで吟味されませんから。はっきり言えば、欅であればいいって感じです。

杉に対してそれだけ目が肥えているってことですかね。

そうなんです。杉普請というと注文うるさいですよ。広葉樹では、私は栗が渋くて好きですね。木目を見せる木ではなく、木味を見せる木ですね。

栗は暴れませんか。

大割して2、3年ほっておいたら暴れるだけ暴れますから、それを挽き直して使えばいいんですよ。

樹種によって挽きやすい木、挽きにくい木、いろいろあるんでしょうね。

樹種によって単価が違います。一番高いのは樫や桑で、一番安いのが杉です。中間が欅や松です。

なるほど、杉は単価が安い割には注文がうるさい。挽くのは楽だけれど、木取りが難しい。

そういうことですね。

## 現役の木挽は全国に10人足らず

現在、林組は3人でやってらっしゃる。木場には他に何人木挽がいるんですか。

全部で5人です。皆60歳を過ぎてますね。後継者は一人もいません。全国でも10人足ら

逆目などがあると、大鋸の刃の向きを調整して曲げられないようにする

刃の向きを調整したあと確認する

ずでしょう。現役の木挽は。

たとえば飛驒の高山あたりにはまだいるんじゃないですか。いや地方にはかえっていないです。私たちが出張で行くんですから。こういう大きな特殊な木は、各村に一本とかぽつんぽつんと立っている程度でしょ。東京にはそれが全国から集まって来るので、われわれは毎日仕事があるんです。地方では10年にいっぺん台風かなんかで倒れた木を挽いても商売になりませんでしょ。

それは大鋸を作る職人も同じで、10人の木挽相手には商売が成り立ちませんから、もう作る職人がいないんです。ですから自分で大鋸作るんですよ。はがねを買ってきて、焼きいれだけは専門家に頼みますけど、あとは全部自分たちで作ります。一人で30本ほど持っています。木によって使い分けるんです。

それは驚きましたね。しかし、後継者がゼロというのはなんとも深刻ですね。これからも太い木は育つわけですから、機械で挽けない木はこれからどうするんでしょう。

いまの若い人にはちょっと無理でしょうね。こんな地味な仕事は。意外に力はいらないんです。力まかせでは体がもたない。自分の体重のせてゆっくり同じようなペースで挽く。むしろ根気の問題ですね。それで木挽じゃなくて、根挽（こんびき）だっていうんです。私は義理の兄貴が木挽をしてたもんで、戦後まもなく19歳の時、千葉から東京に出てきて弟子入りしたんです。最初は挽くだけ、それができると次に目立て。それで3年すると一応一人前。あとは経験を積んで木取りを勉強する。

木が好きで、自分で責任持って木取りするようにならないと木挽棟梁にはなれない。私の親方は最盛期には十数人の木挽を抱えていました。棟梁は仕事取ってきて、段取りして、

予想どおりの出来映えに笑みがこぼれる林さん（中央）、成田さん（右）、玉造さん（左）

木取り、墨かけまでやる。そうやっていくつもの仕事場をまわっているわけです。昔の木場の銘木屋さんの店先では、ほとんど木挽が挽いていましたからね。それが店の看板みたいなもので、そしてまた木場の風物詩だったんです。当時は深川だけでも木挽は３００人以上いたと思います。銘木挽く木挽と造船木挽と分かれてましたけどね。造船は船大工がきて木取りしますから、木挽は挽くだけでした。昭和40年頃まででした、造船木挽は。そこからぱたっと減りました。それに比べると銘木の方は徐々に減ってきました。

　やめようと思ったことはありましたか。

若い時は年中ありました（笑）。きつくて、地味で面白くないでしょ。若い時は親方が墨かけてくれたものを、朝から晩まで挽くだけのロボットですよ。いい杢が出たとかそんなことわからんですもんね。鋸持って歩くのも恥ずかしかったですよ。木挽は粋だって言われますけど、商売が地味だから気分くらいそうじゃないとやっていけませんね。

　木挽の仕事の面白さっていったら何でしょう。

そうですね。自分の思った通りの目が出た時ですね。それでお客さんに喜んでもらえるってことですね。

　それでいい目が出ても、失敗しても報酬は同じってとこがつらいですね。うまくいったらそれに見合う報酬が欲しいところではないんですか。

それで木挽やめて商売人になった人はたくさんいますよ。木を見る目がありますから、商才さえあれば失敗は少ないですよ。私ら旦那さんの了解を得て挽くわけですから、そうはいきませんね。それが職人というものです。

# 清水の舞台修理を省みて

宮大工　木澤源平

昭和と平成にまたがった清水の舞台の修理が落慶しました。それを成し遂げた宮大工、木澤源平さんに清水の舞台の魅力と仕事の苦労、特に桧の使い方の基本をうかがいました。

今回の修理工事は舞台の全面張替えということですが、前回は何年前だったのですか。

23年前です。年間３００万人が上がる舞台ですから23年間というと、延べ７０００万人、日本の人口の半分以上の人が歩いていることになります。床板の傷みは相当激しいものです。擦り減るわけですね。特に舞台から景色を眺めるために高欄の前に人が集まります。その辺の所の減り方がすごい。減って窪む。そこに水が溜まると腐る。そこがまた減る。その悪循環ですね。おまけに近年は靴のまま上がるようになりましたから、余計傷みが早いということですね。ひどい所は穴が空いている状態の所もあるくらいでした。

床板の厚みはどのくらいですか。

場所によって違うんですが、舞台の露天部分が製材寸法で約10センチ、軒下部分で8センチ、それから奥の院は9センチに挽いてあります。幅は35センチ以上。広いのは75センチぐらいあります。長さは3メートルから8メートルまでいろいろありますが、主に6メートルですね。

木澤源平／きざわ・げんぺい
昭和9年生まれ
木澤工務店代表取締役
主な仕事／延暦寺法華総持院東塔再建工事（昭和53年）・南禅寺三門修理工事（昭和57年）・旧日本銀行京都支店保存修理工事（昭和63年）
『木の建築』18号（平成2年12月）掲載

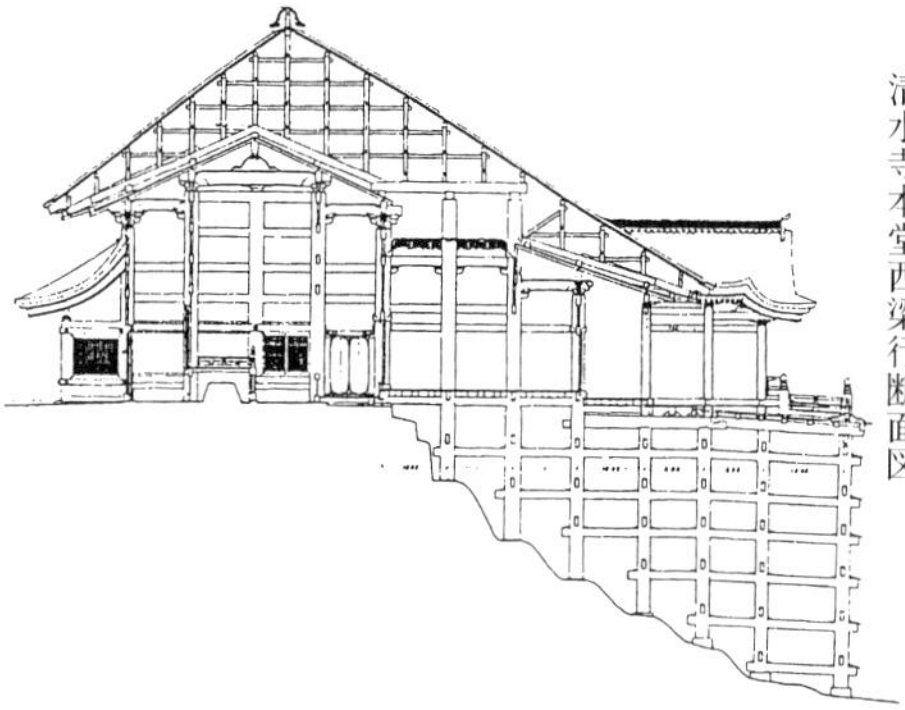

清水寺本堂西梁行断面図

東南側全景

## 5年かけて木曾桧を集める

木は寺の方で用意されたのですか。

いいえ、全部私どもで揃えました。木曾桧でもできるだけ年輪の緻密な、脂身の強い、生節の多い桧を探しました。樹齢は270年から400年くらいのものです。一口に400年の木曾桧と言いますが、そんな木はめったにありません。一年に一遍お目にかかれるかどうかです。舞台の床板にふさわしい木曾桧を250本余り集めるのは大変でした。木曾、岐阜、静岡などをまわって足掛け5年で探し出し、少しずつ落札してきました。

丸太一本から何枚取れるんですか。

末口45センチくらいの丸太で2枚取れます。それより太いものになれば4枚、6枚取れます。また、床板は節があった方が減りにくい。無節の木を選ぶのも大変ですけれど、大径木で節のある木を探すのも、また難しいもんです。

いまどきそのような木曾桧の大径木がそれだけ集められるというのは、信じられないという気持ちが正直なところですが。

そうですね。本当は切ってはいけない木だと思います。舞台板に使うのはもったいないといわれるかもしれませんが、それは考えが違うと思う。お宮さんでは伊勢の五十鈴橋。木曾桧で20年に一遍張り替えられる。お寺では清水の舞台。これは日本の桧舞台です。年間300万人の人がそこに上がる。日本人だけでなしに、世界中の人々に愛され、親しまれる舞台なのですから、許していただけると思います。

修理を終えた舞台

## 木曽の桧は白太を腐らせてから使え

最も問題となる乾燥はどのようにされました。

原木を雨ざらしの状態でねかせて、乾燥させます。そして白太《しらた》を腐らせてから製材します。桧の白太は早いですよ、2年ほどであかんですね。むしろ杉の白太の方が長持ちします。特に木曽桧の白太は使ったらあかんと思っています。白太に力があると挽いた後に狂いが出やすい。ですから野ざらしで白太を腐らせてしまうところまで乾燥させたら、狂いのない、割れの少ない、材料を生かした使い方ができるのではないかと思っています。

皮の付いたまま乾燥させるのですか。

皮を剥いて乾燥させたら木が割れてしまいます。

板に挽いてからはどのくらい乾燥させるのですか。

最低半年は置きたいですね。桟をはさんで風通しを良くして、それと雨にあてることが大事ですね。雨がしみ込んでそれが抜ける時に木のあくも抜けるんです。ですから表面はどす黒くなります。それを鉋《かんな》で削ると桧の黄金色の肌が現れてくるんです。そういう厳しい修行に耐えてきた木ですと、こんど実際に使うと少々のことでは狂いませんし、割れもせん、年を重ねるほど木の持つ良さがにじみ出ると思います。

ところで、木澤さんと清水寺は長いお付き合いなのですか。

数年ほど前になりますが、清水の大講堂の新築工事がありまして、それに伴って善光寺堂の移築修理工事もあわせて行われることになりましたんですが、結局白蟻の被害がひどくて新築することになりました。その仕事をさせて頂いたのがご縁です。清水の舞台を総桧に張り替えたいというお寺のご意向をうかがったのはその時でした。その仕事が受注で

野ざらしで乾燥した木曽桧（周辺の変色部分が白太）

きるかどうかは全くの未知数の状況での桧の調達でしたので、私としては大きな賭けでしたが、お陰様で受注させていただき、大工冥利につきる思いです。

受注されたのはいつですか。

昭和63年の5月に契約で、落慶法要は平成2年の8月22日ですが、工期はおよそ2年余ということになります。契約してから材の調達を始めたのでは工期的にも、予算的にもぜんぜん間に合わんでしょうね。

## 清水の舞台は下から眺めろ

今回は柱廻りの修理も行ったのですか。

舞台を支える柱は寛永年間のもので、360年余風雪に耐えてきたものですが、何ともなっていません。貫の楔《くさび》を締め直しただけです。床板は10分の1程度の勾配を取ってありますし、床板同士は雇《やと》い実《ざね》ではいでありますが、それでも雨は裏に廻ります。雨に濡れるが風通しがいいので腐りにくいということでしょう。しかし、7000万人もの人が歩いた舞台ですから、床組にも緩みが出ます。その絞め直しも必要になりますし、一部根太《ねだ》なども取り替えました。しかし頑丈なものですね。

板はどのようにしてとめてあるんですか。

根太にめかすでとめてあります。

塗装はしていますか。

本堂に合わせるために古色付けをしていているだけで、防腐という意味では何もしていません。すべて赤身材ですから。

舞台床板を見る

舞台を支えている柱も桧ですか。

いいえ、欅です。これがすごいんです。崖にそって建つ柱の長さは3メートル～12メートル、末口は60センチほどです。遠くから見ると丸柱に見えますが、よく見ると16角なんです。丸柱は最初8角にひいて、それをさらに16角さらに32角にしてだんだんと丸くするんですが、清水の舞台柱は16角でやめている。これが素晴らしいと思う。

それで舞台から上に出ている所だけ丸く削られている。これを全部丸くしてしまったら足元は細くなりますし、優しい感じになると思います。16角で止めているために、力強い感じになっている。16面の荒削りの舞台柱を離れると丸く見える、間近で見上げると豪快に目前に迫って来る。そしてその太い柱を縦横に貫通する貫、これが案外細く見える。この柱と貫のバランスが実にいい。

それから貫を守るために雨覆板がかけてあるんです。ちょうど女人が仁王に優しく寄り添って傘をさしかけているような、そんな感じが何とも言えず絶妙で、それが舞台を引き立てているんです。剛と柔、陰と陽の巧みな構造美はまさに、木造舞台建築の精華を見る思いです。清水の舞台は上に登って遠くを眺めるだけで帰っていかれる方が多いんですけど、本当は下からも見上げていただけると一層素晴らしいと思います。

さて、今回の修理で最も苦労されたところは。

苦労といわれますが、それが私らにとっては仕事ですからね。やはり2尺を超える大径木や6メートル以上の長い木曽桧を集めるのはそう簡単にはいきませんでした。それと、参拝を休まずの修理工事でしたから、参拝客に事故のないようにと気を配りました。なにしろあの崖の高さですから。

足元まわり

## 未来の文化財をつくる

とこで、木澤さんのところでは何人くらいのお弟子さんを抱えていらっしゃるのですか。

事務も入れて30人ほどで、そのうち大工は15人くらいです。私どものところは江戸中期以来、代々の宮大工で、戸籍でわかる範囲ですと、私で六代目になります。19歳で父の指揮する近江の豪商の邸宅を移築する仕事に従事し、その緻密な仕事と木造建築の奥の深さに魅せられ、家業を継ぐ決心がつきました。幸い長男が現在大学の建築科に在学中で、今回の修理にも手伝いに来てくれました。

また、お陰様で毎年、2、3人の志望者がありますし、以前にはアメリカやフランスからも宮大工になりたいと習いに来ていました。そろそろ女子の宮大工志望者が現れてもよいのではないかと思っています。若い人の技能訓練には特に力を入れており、技能オリンピックの全国大会で入賞者も出しております。こういう若い人たちと古き良き建物を守り、未来の文化財になる建物をつくるために精進を重ねたいと思っております。

寛永に芽生えし　ひ乃木　択びぬき　舞台の修復為せる悦び　　合掌

舞台柱

和釘を叩く白鷹幸伯さん

# 鉄を鍛える・古建築をまもる

鍛冶　白鷹幸伯

## 和釘の歴史

平安・鎌倉から釘の頭が皆折《かいおれ》・巻頭《まきがしら》になり細くなります。釘の材料の節約ということもありますが、木材が細くなったからだと思います。法隆寺でも小さい釘は巻頭です。構造材、主に垂木《たるき》を留める釘はがっしりした大陸型の釘でした。朝鮮半島、特に北魏から伝わったのが飛鳥型です。百済が滅んでからは唐と外交を結んで、長安の文化が江南を通って海路入ってきたのが白鳳型です。すっきりして、確実、しかも堅牢です。飛鳥はごつい。1本1本垂木に釘に合わせて皿をくってから打ちますから大変です。いきなり打ちますとくさび型になっていますから、材が割れてしまいます。ところが、白鳳期には首部を少し細くして、木がスプリングバックして割れないような細工がしてありました。飛鳥の欠点を改善したと考えていたのですが、大陸からこういう形が入ってきて、それをもう少し細くしたのではないかとみています。

法隆寺の釘が既に飛鳥から白鳳への移行を示しています。白鳳型は頭部の形成のために穴台を完全に通過しなければいけないのですが、飛鳥はその必要がなかったとも思われます。薬師寺西塔では頭部が細くなっている釘は打ちにくいということで、妥協案で寸胴の天平型になっています。法隆寺は藤原までは絞ってありますが、それも天平で終わりでは

白鷹幸伯／しらたか・ゆきのり
昭和10年　愛媛県松山市生まれ
昭和36年　東京日本橋の木屋に勤める
昭和47年　松山に戻り鍛冶屋を再開
西岡棟梁との出会いにより、薬師寺西塔、中門、玄奘三蔵院などの釘を手掛ける

『木の建築』39号（平成8年7月）掲載

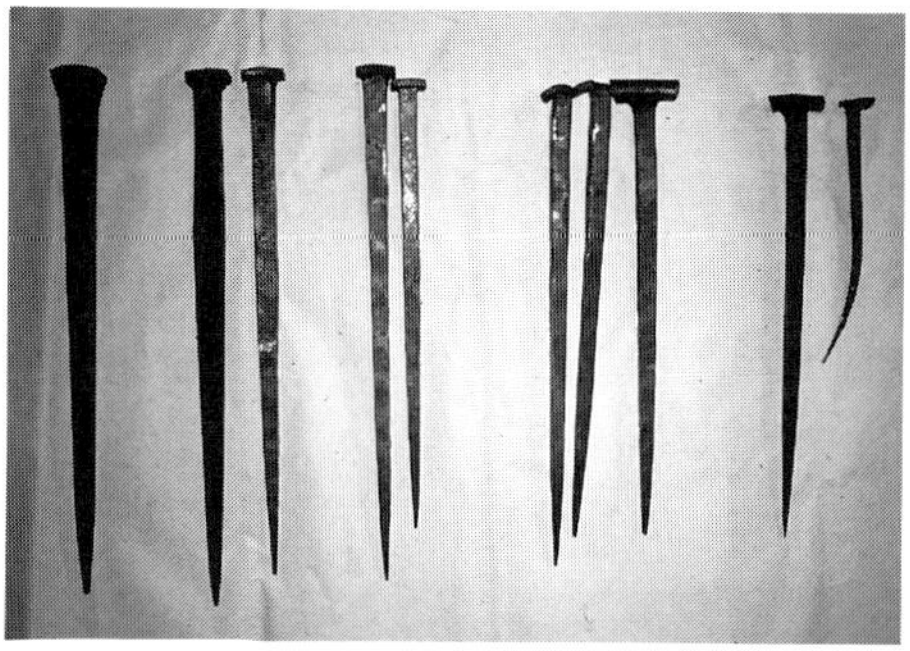

和釘の変遷（右より）

①**飛鳥型**　6、7寸角の垂木をとめる釘は、各時代を通じて最も太く、頭部の形状も未分化で単純。頭部付近は傾斜があり、錆、磨耗によって短くなっても垂木を引き寄せる
②**飛鳥型**　薬師寺西塔の再建のためにつくった釘。白鳳期の原形。首部分が細くなっている
③**白鳳型**　首部分が細くなっているため木が割れにくい
④**天平型**　平城宮の大垣の垂木釘
⑤**天平型**　平城宮の大垣の垂木釘
⑥**平安・鎌倉型**　皆折釘。内折
⑦**平安・鎌倉型**　皆折釘。外折

ないでしょうか。広葉樹で発達した釘が日本に入ってきて、針葉樹だからその必要がないと手抜きが始まります。天平期は釘も材も細くなります。鎌倉は耳を大きくとるために平《ひら》角《かく》になっています。桃山からは耳の厚さや内部の構造などはどうでもよくなります。狭く細く、無理に広げて薄く巻きます。寸法さえ揃えばいいと、建築の堕落が始まるのが桃山です。鎌倉までは、まだ真面目で桔木《はねぎ》も遠慮気味に入れてます。

## 溶解法の変遷

高純度の鉄は10年前までは砂鉄を木炭で精錬しないと出来ないとされていましたが、最近古代よりも純度の高いものが簡単に出来るようになりました。高炉から出た鉄の不純物を簡単に取り除くことができます。いままではＬＤ法が主流を占めていたのですが、それではリンと硫黄、マンガンが取れません。アルゴンの活性ガスを吹き込み泡が出たところで酸素を吹き込む方法が使われています。１８５０年までは錬鉄を使ったパドル法です。

14世紀から高炉がヨーロッパで発達してきて、17、18世紀に森林を切り尽くして錬鉄にしたのですが、重労働でこねながら中の炭素を燃やして、燃えると温度が上がって反応してまた燃え、中の炭素を燃やしてしまうんですが、かき混ぜる途中でスラグがかみ込んできますから、鉄の強度は落ちますし軽いです。日本刀や道具にする場合は鍛打によって絞り出してスラグをなるべく少なくしようとしていますが、まだ残ります。残っているから鍛え目が見えます。完全に溶解した鉄だと見えません。芸術的表現をしようと思えばスラグが残ってくれていないとだめなんです。そこが近世までの技法と20世紀の完全な溶解法との大きな差です。

⑧**平安・鎌倉型**　巻頭釘。巻きを大きくするために胴は平角
⑨**室町・桃山期**　巻頭釘。材が細くなるため、釘も細くなる
⑩**江戸期**　巻頭釘。材が細くなるため、釘も細くなる

1940年くらいまで米国で意識的にスラグをかみ込ませるアストン法という溶解法がありました。強度は弱くなりますが、耐食性が出るからです。いまでは塗料も塗装技術も良くなりましたが、昔は塗り直しが大変でした。いまの鉄がなぜ中まで腐食するかというと、昔の鉄は鍛えても絞りきれないスラグが少し残ります。そのスラグの周辺に耐食性のある隔壁があり、折り返し鍛錬によりその隔壁が積層になり、いったんは侵されても次の壁にあたってまた何百年か抵抗力を示すようだと、西岡棟梁も言っていました。

また、なにも釘だけが1000年もつのではなくて、打ち込まれた材が樹齢1000年以上の良い材だったから、環境が良くもったんです。若い材だったら釘も100年もたないでしょう。自然、風雨から護ってきたのが人類で、腐らせないように瓦を葺き、修理をし、風雨を防いで釘とともにもってきたのです。

高純度の鉄は錆びやすいのですか。それとも錆びにくいのですか。

イオウ、マンガンの含有量が多いと錆やすいのです。高純度の釘は腐食が奥に侵入する可能性はありますね。たとえば、ステンレスはクロームが表面に層になってカバーしていますが、それが破られるとピンホール状に錆が侵入し、蓋がないのでどんどん広がります。鉄は純度の高いことは絶対条件ですが、現時点では1000年の経験がありませんからなんとも言えません。

高純度の鉄だと鍛える必要はあまりなくなりますか。

いいえ、圧延したままだと耐食性はありません。頭を造る時首部分はよく焼けるんですが、そこは通常再び鍛えることがないのでよく錆びてしまいます。高温に焼かれたため結晶粒隗が大きくなっているのを叩いて砕く必要があります。昔は叩くだけでは伸びてしま

焼き入れした釘を叩く

角穴台を通した釘の頭部を荒延べする

いますから、叩いて折り返して、またスラグを排出するために叩いたのです。スラグが多いと機械的強度は極度に落ちますから、やむなしにやった行為がよかったわけです。鉄は９００～４５０度の間に鍛錬すると結晶粒隗が小さくなります。微細化するほど結晶粒隗の面積が小さくなり、酸素の侵入も防げ、耐食性が増します。９００度を越えると結晶粒隗にいろいろな不純物が周辺部に溜まり純鉄はできません。通常では有害ではないんですが、温度を上げると成長して欠けやすくなります。

古代鉄の研究をされている東北大学名誉教授の井垣謙三氏が、高純度の古代鉄は錆びてないことや正倉院の刀のなかごがいまだに光っているのは純度のせいだという説をたてています。一方、日本鋼管の松島博士は少々の不純物があっても環境、条件だと言います。西岡説は両方取り上げています。環境であり、純度であり、しかも積層となったスラグの隔壁であると言っています。

## 西岡棟梁との出会い

西岡常一棟梁との出会いは薬師寺の西塔の仕事ですか。

日本橋の木屋にいる時に、槍鉋《やりがんな》の形状を教わったのが最初です。昭和46年でした。愛媛に帰る時最後の決断は西岡棟梁がしてくれました。年とった両親を見ることが先だ、手に職を持っていればどこにいても仕事ができるのが特権だから、帰って鍛冶屋を再開しろと言われました。父親の代から鍛冶屋で駅馬車の車輪をつくったり、その修理をしたりといまの自動車整備工場のような仕事をしていました。当時は普通の刀鍛冶よりはずいぶん景気が良く、骨董を買い集めたり、昼間から浄瑠璃を習うような生活ができましたが、戦

| 区分 | C | Si | Mn | P | S | Al | O | N |
|---|---|---|---|---|---|---|---|---|
| 目標値 | 0.08～0.12 | 0.03以下 | 0.03以下 | 0.010以下 | 0.002以下 | 0.005～0.010 | —— | —— |
| ﾚｰﾄﾞﾙ値 | 0.086 | 0.01 | 0.01 | 0.001 | 0.002 | 0.009 | 0.0029 | 0.0042 |
| ﾚｰﾄﾞﾙ値（その他） | Cu | Ni | Cr | As | Mo, V, Ti, Zr, Nb, B, Sn, Sb | | | |
| | 0.01 | 0.02 | 0.01 | 0.002 | 全て→0 | | | |

純鉄素材の成分表（WL％）

胴体部分を整形する

後タイヤが出てきて仕事がなくなりました。兄が後を継いで土佐の鉞《まさかり》鍛冶に弟子入りしたのですが、病気になり鍛冶はできなくなりました。私は昭和36年に日本橋の木屋に勤め始め、47年に愛媛に戻り鍛冶屋を再開しました。初めは食べるために魚市場に息子と包丁を売りに行きました。私は少し恥ずかしかったのですが、息子に自分で作ったものを売るのに恥ずかしいことはないと言われました。それから私も職人として直接ユーザーと接点を持つことが、鎌倉時代に戻ったようで面白くなりました。

その後、西岡棟梁との縁で薬師寺金堂で屋根仕舞に使った古墳型に広げたものを合せただけの袋型の手斧《ちょうな》を作りました。その時けっこう使えるという実証ができました。法輪寺の時には広い手斧と鑿《のみ》を持っていきました。鑿は重すぎて使ってもらえませんでしたが。法輪寺の工事が資金繰りの問題で中断し、西岡棟梁が薬師寺金堂を頼まれ、薬師寺が完成する直前に再開します。金堂の後に西塔、中門、玄奘三蔵院の釘をつくりました。これから、薬師寺講堂の釘７０００本をつくる仕事に入ります。

西塔では7寸角の垂木に打ち込む時に、しずめをやっています。飛鳥の釘は頭部が錆びても馬蹄釘のようにテーパー面が引っ張るだろうけれど、白鳳型は頭部が錆びたら抜けてしまうのではないかと、西岡棟梁に聞いたことがありますが、頭が見えることはまずないし、見えるようなところはそんなに力がかかるところでもない。上には台輪が載ってほぼ密封状態になるから構わない、また、テーパー部分が効いているので頭部分は関係ない、ということでした。丸桁には3寸くらいしか刺さっていませんが、抜けたりしません。打痕があるので表面積が大きく、摩擦が起こるためでしょう。

それに垂木の上に瓦が載りますから、抜けるということはあまりないですね。

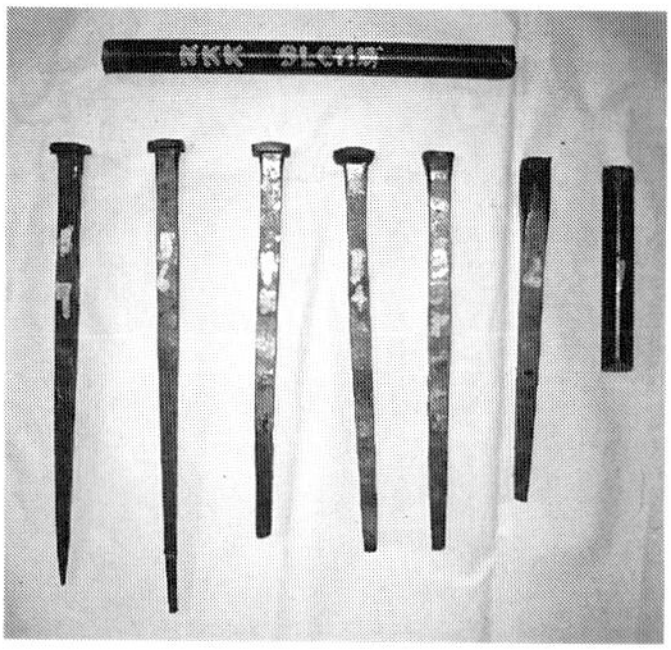

和釘の製造過程（右より）
①和釘一本の素材切断（一割弱をロスとみる）
②穂先荒延べ
③首先部分荒延べ、頭部肉置配置
④頭部打ち広げ
⑤頭部整形
⑥穂先、胴体部分整形
⑦先端部分打ち上げ、および全体ならし打ち

建ってしまえば用事がないそうです。上からの荷重だけではなんともないけれども、台風などの下からのあおりが恐いんです。地震で倒れた塔はないんですが、風を含んで倒れています。

息子さんが後を継がれているそうですが、あとどのくらいで一人前になれそうですか。

大学で法律を勉強し、卒業したので鍛冶屋をやると言っています。文化財を残すのには鍛冶屋が必要だ。お前がいないと日本の木造文化財は直らんのだと小さい頃から決意はさせていました。作るだけの技術なら4、5年、将来どういう方向に進むか見切って自信がつくのは20年先ですね。4、5年で技術を覚え、次の5年で応用が効くようになり、顧客の要望を聞く判断力・行動力がつくのにあと5年。どう市場をまわるか、どう売っていくか。いつ、どれがどのくらい売れて、なんとか生活ができるようになるのにあと5年かかります。自立しないと、言われたものを作っているだけでは潰されてしまいます。

平安時代には工人は貴族に養われていて、貴族が没落して、鎌倉の武家社会になると工人は放り出され、やむなく道端で商売をするようになります。通行人が仕事をくれるという時代になります。初めてユーザーとの接点が生まれて急速に技術が発達します。ヨーロッパでも同じです。北フランスのルーアンの小さなゴシック建築の教会に見事なアイアンレースの窓枠があります。十字軍がイスタンブールまで攻めて行って、持って帰った文化ですよね。唐草文様のすごいものです。最高に上手いのは13世紀、ゴシック建築の時代でそれからだんだん鍛冶屋の技術も迫力も、ハンマーワークが鈍くなり、現代は最も鈍い時代です。ですから13世紀に帰ろうと。仕上げは少々下手でも鍛造によってものを作ろうというのが僕の生き方だし、納得のできる死に様だと思います。

# 醤油樽は板はぎ技術の極地

和樽職人　玉ノ井芳雄

キッコーマンといえば、いまや世界の調味料。その流通を支えてきたのが杉の醤油樽。今日の隆盛には樽を作り続けてきた野田の樽職人の存在があったのです。まずその発祥からうかがいましょう。

野田の醤油樽は明和2年（1765）に桶屋の重蔵が桶作りの片手間に樽を作ったのが元祖と言われています。もともと醤油醸造のための桶作りが専門だったのです。

タガに使う竹を斜めに削る

玉ノ井芳雄／たまのい・よしお
大正15年　千葉県野田市生まれ
昭和60年　千葉県伝統工芸品の指定を受ける
現在、長野オリンピックの閉会式で使用された、醤油樽技法を使って制作された樽太鼓がスズキ楽器より販売されている。また、ミニ醤油樽をアメリカ、ヨーロッパ向けに制作するなど新しい分野に挑戦されている
『木の建築』23号（平成4年3月）掲載

## 桶は柾目、樽は板目

桶と樽はどこが違うんですか。

技術的にいうと側板のこばの削り方が、桶の場合は直線なんですが、樽は足元をぐっと絞るので曲線になる。次に桶の場合は側板の両面を鉋《かんな》で仕上げるが、樽は銑《せん》でえぐる。なんといっても一番違うところは、桶は柾目取りなのに対して、樽は板目だってことですね。というのは桶は空っぽの時間が多いけど、樽はいつも中身が入っている。簡単にいうと、桶は道具で、樽は容器だってことですね。それで杉板は柾目に取ると年輪の間から中身が染み出てくるんですね。年輪の晩材は水を通さないけど、早材は染み出す。だから樽は絶対に板目じゃないと駄目なんです。反対に桶は柾目に取らないと乾燥してガタガタになっ

側板の正直つき

側板の内抜き

て使いもんにならない。空っぽの時間が多いんだから当然ですね。

なるほどね。でもこうしてうかがっていると、樽の方が技術的に難しそうですね。

簡単にいうと板目はごまかしが効くんですよ。

ただ興味深いのは桶屋に樽は作れるんですが、樽屋に桶は作れないといわれていることですね。それは樽屋の場合は、大量生産するために分業化が進んでいる。だから応用が効かないんですね。反面仕事の早さと馬力というか集中力があるのは樽屋ですね。桶屋は仕事先でお客のご機嫌を取りながらのんびり仕事をするといった感じですね。

それから野田の醤油樽の特徴は、たとえば関西の酒樽に比べるとよくわかるんですが、酒樽は頭が大きくて胴が急に絞りこまれる。一方、醤油樽は胴にふくらみがある。酒樽はこもをかけて出しますが、醤油樽は裸ですから、形の美しさが大事です。醤油樽はタガが相当太いんで、ふくらみがないと痩せて見える。つまり中身が少なく見えるんでだめだというわけです。

なぜタガが太いかというと、酒樽は鏡割なんかを見てもわかるように、封を切れば空くのは早い。ところが醤油はいっぺんには使わない。醤油樽の規格は九升樽一種類で、高さ、直径とも1尺9分、底の径が9寸4分。高さと径が同じなのが和樽の原則なんです。この九升樽一本が大人一人の一年の消費量。その醤油樽がもれちゃいけないから、タガを太くしてきつく絞めるというわけです。

側板同士は竹釘か何かではぎ合わされているんですか。

突き合わせているだけで何も使いません。タガがゆるめばパラッとばらけます。桶は間に目釘を入れます。

側板のつき合わせをみる

側板の組み立て

こばはテーパーがつきますが、その角度はどうやって決めるのですか。

カンです。側板の幅が広いもので12センチ。狭いものだと2センチくらいのものまで無駄にしませんから。その不揃いの側板の幅に応じて角度を変えるんです。治具なんか作ってたらとても間に合いません。

側板の断面は弧になっていますね。

樽の径が8寸とか1尺とか決まってまして、それ専用のアールのついた鉈《なた》で割ります。

樽作りの要はやっぱり側板をピタッと合わせるところですか。

そりゃ側板のこばを削る正直つきですね。足元が絞られて、なおかつ胴にふくらみをつくるように側板を削る仕事。正直台というそりのついた鉋にあてて、別に寸法あてるわけじゃなくてカンで削るわけだけど、それが組み立てた時にスパッと納まらないと能率悪いんですよ。

樽は何回も使われたという話ですが。

キッコーマンではよほど需要が逼迫《ひっぱく》しないと回収した樽を使うことはなかったんですが、二流の醤油屋にまわって、商標を削って再利用されたんです。これはむき樽って言うんですが、これがさらにまた、三流の醤油屋に使われる。4分ある側板の厚みが2分ぐらいまでに減っちゃってもまだ使えた。20年くらいは充分に使えますよ。

## 秋田杉の伐根がキッコーマンを支えた

野田では最盛期には年間どのくらいの樽が作られていたんですか。

樽生産の最盛期は大正末から昭和の初めなんです。大正10年頃になると江戸の樽職人も

鉄タガで仮締め

隙間がないかすかして見る

野田に皆集まるようになった。昭和の元年には職人の親方が１０３人という記録が残されています。一人の親方は数人の職人と、それと同じくらいの人数の見習いと雑役の女性を抱えていました。これらの親方はキッコーマンから出入りの樽屋として看板をもらって、一日1万樽、年間３６５万樽も生産していたんです。

職人は醤油会社が雇用していたのですか。

いや全部委託樽屋でした。材料支給で、毎月の割当が決まっていまして、納品すると工賃を支払うという仕組みです。側板は全部秋田杉です。樽生産が始まった当初は、地元の神社の杉とか風倒木が使われていたようです。あとは灘の酒樽、これは吉野杉4斗樽ですが、その空き樽を野田に回収して、醤油樽を作っていたのが大半だったようです。

それが明治38年の奥羽本線の全線開通にともなって秋田杉で作るようになった。秋田杉は雪を利用して運搬される関係で冬に伐採されるんですが、そのため、雪の深さだけ根が残る。その伐根に目をつけたのがキッコーマンだったんですね。野田から能代に樽丸を作る職人を派遣したのが始まりといわれています。2メートルほどの伐根を1尺3寸から1尺5寸程度長さに輪切りにして、それを側板の材料として鉈で割ってタガにつめたものを樽丸といいますけど、その状態で運んできたんです。樹齢１００年から３００年の天然の秋田杉の赤身だけと決まっていました。というのは4分の厚板に年輪が3本以上ないと醤油がもっちゃうんですよ。年輪が相当つんでいないと醤油樽としては使いものにならない。

そうすると、杉板はここに届く頃にはすっかり乾いていた。

いや生です。キッコーマンは膨大な敷地に常時何十万樽という材料を乾燥を兼ねてストックしていましたね。

底板のミゾ切り

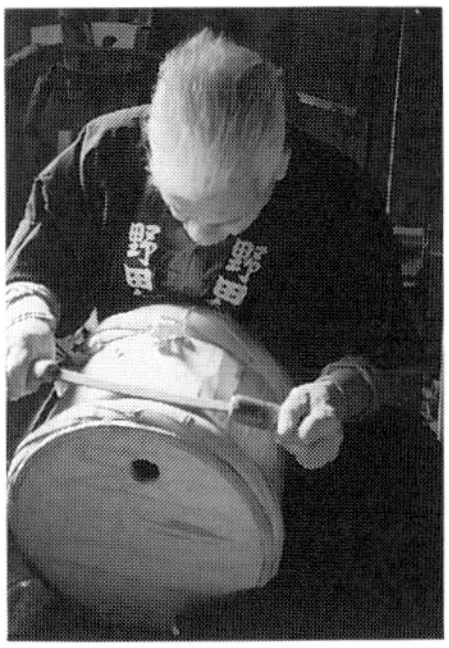

腹むき

タガの竹も会社の支給だったんですか。

竹は自分で買いました。群馬県や栃木県の竹を筏に組んで、利根川と江戸川を流して運んできたものですね。最盛期には関東では不足して、九州まで竹が求められてゆきましたね。2年目の竹を11月に切った真竹が最上ですね。8メートルくらいのもの竹を巻くのは相当骨の折れる仕事で大変なんですが、醤油樽の売り物はタガの太さにあるといわれるくらいですから、意地でも太いヤツを巻いたもんですよ。それでまた醤油樽はタガが着物のようなものですから、竹は砂できれいに磨きました。それが女たちの仕事だったんです。

## フレックスタイム・出来高制・24時間操業

樽生産は分業化されているというお話でしたね。

結立師、タガ職人、底蓋職人の三種です。タガ職人と底蓋職人は、いわば部品を作る仕事で、結立師は側板を削って、底蓋とタガで樽をまとめあげる仕事。結立師は一日に16樽作れば一人前、タガ職人は一日330本の竹を削れれば一人前でしたね。これらの職人はそれぞれ出来高制で工賃が支払われましたから。能力に応じた完全な競争社会でした。気の早い職人は朝の4時半から仕事をしてました。夕方3時頃には遊びに行くやつもいました。反対に年とった職人なんかは午後から来て朝の2時までやるとか。とにかく仕事場は年中明かりつけっぱなしで、職人がいつでも自由にできる状態にしてました。

24時間操業で、しかもフレックスタイムの出来高制。これ以上生産性をあげる方法はちょっと考えつかないですね。ところで結立師として一人前になるには何年かかるんですか。

徒弟制度ってのがありまして、ここに昭和2年の証文がありますけど、それを見ますと、

仕上り

樽丸

12歳以上のこどもの場合は親に１００円支払って7年間の年季奉公の期間あずかる。いまで言えば契約金ですかね。その間、三度の食事と着物着せて一人前の職人に育てるんです。当時で大工手間が一日1円でしたね。

ところで、いま野田には樽職人は何人健在なんですか。

私の他にもう一人だけです。昭和40年に醤油がプラスチック容器に変わって、樽の生産は完全に打ち切られました。仲間の職人はほとんど転職したんですが、うちの親の「樽屋の親方として死にたい」という言葉が引っかかりまして、やめられなかったんですね。そうしていろいろ周りを見ますと、漬物樽の需要があったんですよ。それで昭和60年までやってきました。それでいまは花器や民芸品などを手掛けています。

和樽の技術はもっと現代的なデザインに生かせそうな気がするんですが、たとえば家具なんかどうですか。

もちろん魅力ありますよ。だけどね、家具屋さんていうのはえらく高く売るんだよね。私ら自分の製品の納入価格知っているわけだから、その値段を見るといやになっちゃうんだな。あの仕事であんな値段をつけてって言われるのががまんできないんだな、職人ていうのは。樽職人は雑貨職人だという心意気があるんです。

全身を使ってタガを締める

製作中の田中友子さん（100・101頁写真／田中太鼓店）

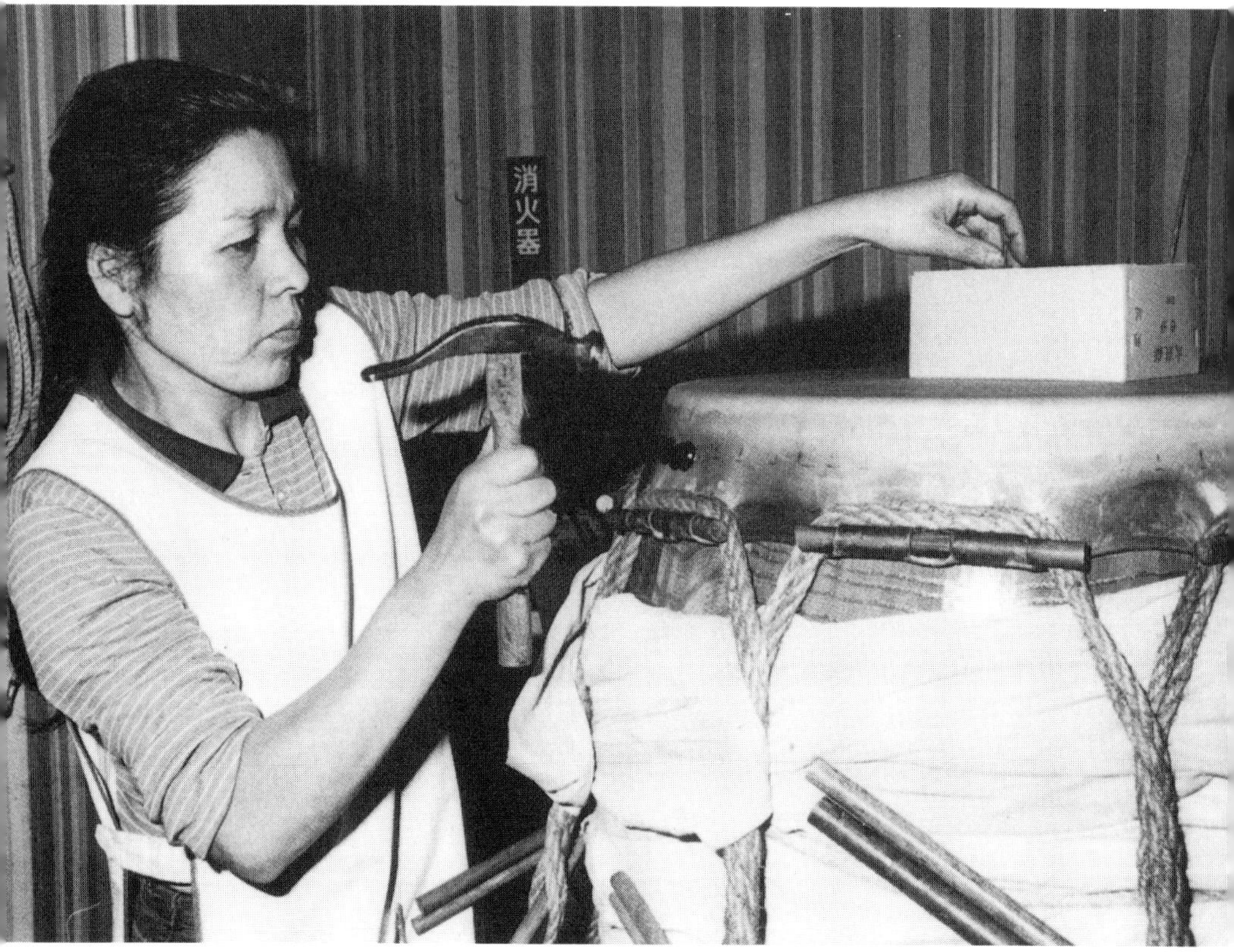

# 二本松の太鼓職人はスーパーウーマン

太鼓職人　田中友子

お祭りに欠かせない和太鼓。それを作る太鼓職人は日本全国で200人足らずといわれています。しかも女性の太鼓職人といえば、全国でもこの人以外にいるかどうか。楽器の中でも最も男性的な和太鼓を、主婦であり、美容師でもある女性が作っているといいますから、これは相当なスーパーウーマンに違いありません。さて、城下町二本松の太鼓職人の店と聞いて、古風な木造の仕事場を想像して訪ねてみますと、なんと近代的な鉄骨のビルのお店で、しかも靴屋の奥が仕事場で、当の太鼓職人は2階で美容師をやっているということで、本当にびっくりしてしまったんですが、まず、なにはともあれ太鼓職人になられたきっかけからうかがいましょう。

## 夫の始めた太鼓作り

私はごく普通の農家の長女に生まれて、このうちに嫁いで25年になります。結婚当初主人は教員でしたが、学生の頃から和太鼓に興味を持って、いろいろ研究していたようです。家業の靴製造業のかたわら、和太鼓を作り始めまして、私は嫁として手伝いをしたのが始まりです。そのうち主人は別の仕事で忙しくなって、太鼓作りはもっぱら私の仕事になってしまったんです。主人は発想はすごいんですが、ひとつの仕事に満足しない。私は逆で

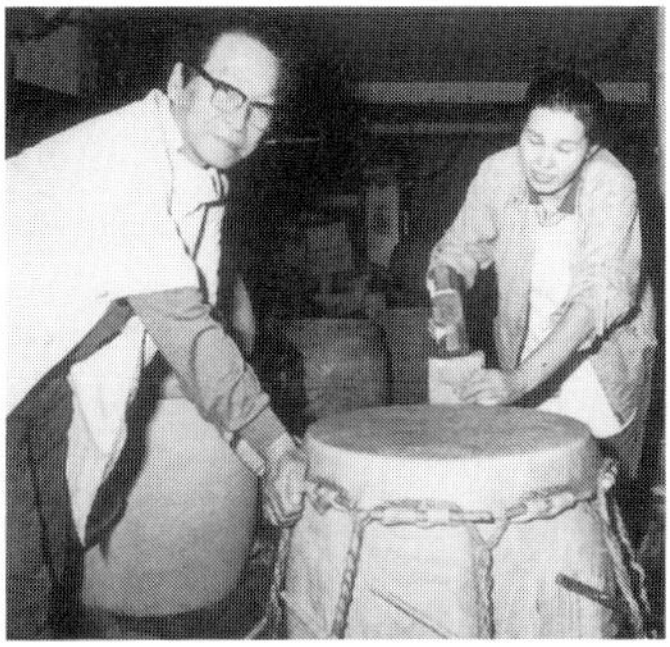

田中友子さんとご主人の田中由衛さん

田中友子／たなか・ともこ
昭和18年生まれ
太鼓職人・美容師・主婦
福島県二本松市亀谷、田中太鼓店
『木の建築』15号（平成2年2月）掲載

左から、荒胴、完成品、張り替え中

始めた仕事はとことんやるんです。

なるほど。靴も太鼓も皮を使うということでは共通するわけですね。そしてご主人のまかれた種を奥さんが実らせたということですね。

ところでその太鼓の皮は特別なものなんですか。

郡山に屠殺場がありまして、そこで牛の皮を仕入れてきて加工します。太鼓作りの工程の中で一番大変なのがこの皮の加工です。毛や肉片の付いた生皮から薬品で処理して刃物で脱毛し、天日に干して干皮として保存しておきます。この作業は秋にしかできませんから、1年分をまとめて作っておくわけです。年間100頭分は処理します。相当な臭いですし、とても近頃の若い子にはやりきれないでしょうね。東京辺りの太鼓屋さんでは分業化されていて、うちのように皮の加工まで一貫してやっているのは、今時珍しいと思いますよ。

太鼓の胴の材料は何を使いますか。

欅かせんです。丸太を刳り抜いた状態のものを荒胴といいます。荒胴は会津田島や栃木県で作っているところがありますので、そこから購入します。それを鉋《かんな》で削って塗装をして仕上げます。丸太を輪切りにしたものから筒状の荒胴を刳り抜いて、その残りから一回り小さい荒胴が取れ、次にまた小さい荒胴が取れるということですね。

なるほど、一つの丸太から何組かの入れ子になった荒胴ができるということですね。

専門の職人さんがいて、長い鋸《のこぎり》で刳り抜くんですよ。胴の仕入れは主人が行きます。まとめて仕入れてきて、皮を張るまで何年か寝かせて乾燥させます。立木を切って1年間乾燥させ、荒胴に加工して最低5年は寝かせないと、胴が乾燥して皮は緩んでしまう。太鼓

荒胴は最低5年間寝かせておく

を注文されて、どうしても乾いた荒胴がない場合は、一旦仕上げて納品して使ってもらい、翌年皮を張り直します。お客さんには予めそのことを了承していただくわけです。

胴の加工で難しいところは。

よく鉋を研いで削れば、それほど難しいことはないですが、胴の張りの山で、逆目《さかめ》になりますから、そこは神経を使います。

和太鼓の用途といえば、お祭りが思い浮かびますが、その他にどんな注文がありますか。

最近は学校が多いですね。応援団に使うようです。直径が1尺5寸から1尺7寸位のものがよく出ますね。福島県内が中心ですが、山形や静岡などからも注文がきますね。年間大小合わせて60個程作りますかね。

## 美容師の仕事の合間に太鼓作り

荒胴から太鼓に仕上がるまでに、何日くらいかかりますか。

削り1日、皮張り1日、塗装に5日ですから、1週間ですかね。私は昼間美容師もやっていますから、一遍に何個も作りません。美容師の仕事の合間や夜やるんです。

一番気合が入るのは皮張りですか。

そうだね。皮は張り過ぎても、緩過ぎても駄目ですね。皮を張る時に上に乗るんですが、その時の足の感触で皮の張り具合がわかります。お客さんの注文が軽い音とか重い音とか、いろいろありますから、それに応じて張り具合を決めるわけです。張れば張るほど高い音になります。皮張りは天気のいい時にしかやりません。いくらきれいに干してある皮でも、天気の悪い日に張ると皮の色艶が悪くなりますから。

制作中の太鼓

皮は何年ぐらいもつんですか。

叩く人にもよりますが、7～8年でしょう。ただし二本松のお祭りに使う太鼓は毎年張り替えます。毎年秋にちょうちん祭りがあって、7町内でそれぞれ太鼓を持って叩き合って競うんです。ですから、いい音を出すために毎年張り替えるわけです。

それじゃ新しく作るほかに、そのような張り替えの仕事もけっこうあるわけですね。

そうです。修理だけでも年間20や30はあります。この前張り替えたものは、天保年間に作られたもので、胴の内側に天保、元治、慶応、明治、大正、昭和と張り替えの歴史が書いてあったのでわかりました。それはとてもきれいな仕事でした。そういう古いものの修理はとても勉強になります。私のところは創業たかだか20年ですから、修理して技を盗み、自分のものにすることが大事なことなんです。

ところで、やはり太鼓一本では食べていけませんか。

がんばってやれば食べることぐらいはなんとかいけるかな。でも注文が一定じゃないし、いまのところ太鼓もちょっとしたブームですけど、いつまで続くかわかりません。これから先はこういう田舎では成り立たないと思う。うちがいまでも続けていられるのは、美容室や靴屋などいろいろやっているからで、太鼓一本では5人のこどもをとても養ってはいけないね。

これまで創業以来順調に伸びてきて、一代限りというのは惜しいですね。後継者はいるんですか。

長男が24歳で、本業は不動産業ですが、太鼓と美容室の両方を手伝ってもらっています。中学生の頃から皮むきから太鼓作りまで手伝ってきたので、もう一人でも作れますね。で

田中太鼓店の仕事場

も年頃になると皮むきは臭いが染み付くのでいやがりますね。長男と二人でやれるようになって、美容室と太鼓作りが両立できるようになりましたね。でもこどもたちには好きな仕事を選ばせる主義ですから強制はしません。いまのところ皮の加工以外は楽しんでやっているようです。

いままで作られた太鼓で一番大きいものはどのくらいありますか。

二本松神社の太鼓が2尺9寸で、これは張り替えだけです。新しく作ったものでは2尺2寸が最大です。一度青森のねぶたの太鼓を作ってみたいんです。あれは桶胴といって、胴が桶のようにはぎ合わせて作ってあるので、相当大きなものまでできるんですよ。

太鼓作りの面白さはどんなところですか。

自分で思うように作れるところかな。美容室の方は客商売だから、間違いできませんから余計な神経使いますね。その点太鼓は思いきってやれる。間違っても捨てればいいんですからね。男まさりの性格なのかな。普通、男がやる仕事を女がやるっていうのは、やっていてやりがいがありますね。それに珍しいということで、逆に信用してもらえますし、わざわざ遠方からも注文いただけます。

自分で作った太鼓の音はわかりますか。

お祭りで、いろいんな太鼓が叩かれますけれど、自分の作った太鼓の音はわかりますね。その音聞くと、もうちょっと締めれば良かったなと思うわけです。

太鼓のお祭りが、二本松にあることが仕事の支えになっているし、技術を磨くことにつながっているわけですね。

そう。お祭りで自分の作った太鼓の音を聞くのは最高の気分だね。

ご自分では太鼓は叩かないんですか。

いま習っているところですが、なかなかうまくならないね。それよりまず書道を習いたい。太鼓に書く文字です。いまのところ自己流ですので。その次は絵を習います。火炎太鼓の龍を描きたいんです。

## 海外に技術を伝える

海外からの発注もあるということですが。

ブラジルの移住した日系人からの依頼なんです。あちらでも盆踊りやお祭りが盛んで、やっぱり和太鼓がないと気分が出ない。日本から持っていった太鼓を張り替えるのに、皮の加工が暑さの関係で難しいようで、こちらに注文が来るんです。そこで皮の張り方を写真に撮って教えてあげたんです。太鼓師の技術は秘伝で弟子以外に絶対教えないんですが、外国から頼まれたら話は別ですね。5～6年前から毎年3～4枚注文がきます。それでもなかなか思うようにできないらしくて、ぜひ実指導に来てくれ、そしてその時は胴も持って来て太鼓作りの技術指導をしてほしいということなんですね。

それ以前にハワイに旅行した時に、太鼓をいくつか持って行って寄付してきました。その話がブラジルまで伝わったようです。2～3年内に主人と二人で何とか実現したいと思っています。あちらでいくつか作っているうちに、きっと誰かが技術を覚えると思います。

# 飛騨の匠が生んだ一位一刀彫

一位一刀彫職人　津田亮定

## 一位一刀彫の由来

江戸末期に根付《ねつけ》彫師として広く名を知られた松田亮長は旅を好み、俳句や短歌等にも長け、旅日記に記しています。題材は様々ですが、蛇、蛙、亀などを得意とし、宮川下流の籠の渡しをデザインした根付は特に有名です。奈良の一刀彫は彩色を施していますが、その着色方法が濃厚であるためせっかくの刀痕を消してしまうことを残念に思い、飛騨地方のイチイの美しさに着目し、彩色せずに木の自然の美しさを利用した一位一刀彫を創始しました。

イチイは、北海道ではオンコ、高山ではアララギ、イチイと呼ばれていますが、はっきりしたイチイの語源は分かりませんが、天平17（740）年に飛騨よりイチイで造った笏を献上したところ、他の材より優れているということで位階の「正一位」という最高の位を賜ったことに由来すると伝えられています。

何をもって一刀彫というんですか。

亮長は奈良の一刀彫、京都、四国などと彫刻を見聞し、飛騨のイチイの特徴を十分に理解し、木を生かすとともに、作品にも生かそうと努力しました。刀の痕を残した方が木も作品も生きると思われるものはそのようにし、角を落とし生の刀痕を残さない方がよいと

津田亮定／つだ・すけさだ
大正12生まれ
15歳で父津田亮則に弟子入り
江戸時代より続く一刀彫の五代目
（松田亮長、広野亮直、津田亮貞、津田亮則）
国の伝統工芸士指定
昭和58～62年　飛騨一位一刀彫協同組合理事長を務める
昭和61年『一刀彫の技法と歴史　一位一刀彫』（日貿出版社）出版
『木の建築』31号（平成6年4月）掲載

広野亮直作「籠の渡し」

松田亮貞作「鶴巣籠香合」

思われるものは刀で細かく仕上げ、トクサとムクの葉で磨き最後に白蠟を使いました。イチイが自然に色艶を増してくるのは、多くのタンニンを含んでいるためで、仕上げに蠟引きするのは、含まれているタンニンを作品の表面に誘い出してやる結果になります。

近年まで樵《きこり》杣《そま》びとが、仕事の合い間に山小屋などで、鉈《なた》一刀で、鯉、鯛、福槌など単純なものを彫り込んで自在鉤を作っていました。また、雨降りなどは仕事ができませんから、鉈一刀で、箸や実に素朴な仏像を彫ったものもあり、それらを名付けて一刀彫と呼んだと思われます。

亮長は奇知機転に富み、奇行や逸話を残していますから、イチイ材を用いて、語呂の良い一位一刀彫と銘打ったのだと推察できます。亮長がイチイを彫刻に使うまでは、箸、糸巻、笏などの日用品に使われていました。本来は磨かずに刃物だけで仕上げたものを一刀彫というのですが、飛驒の一刀彫は少し違うんです。彫る技術と磨く技術を使ったものが飛驒の一刀彫の特徴です。現在、お客さんには磨いた能面などは一位彫といっています。

一刀彫でイチイを使っているのは高山だけですか。

全国で高山だけです。奈良では尾州材の桧や桂を使います。飛驒の近所にはたくさんのイチイがあり、位山には原始林があったんですが、戦争中に3分の1くらい伐ってしまいました。昭和35年頃から足りなくなってきて、現在は高山で使うイチイの原木の90%、300石《こく》くらいを北海道から仕入れています。地元の木は、たまにしか市場に出ません。伐採した後、木口にアクが出て真っ黒になりますから切ってみないと材料の良し悪しが分かりません。

イチイのヤニは固く刃物がすべったり欠けたりします。飛驒地方の木よりも北海道の木

津田亮定作「なすと蛙」

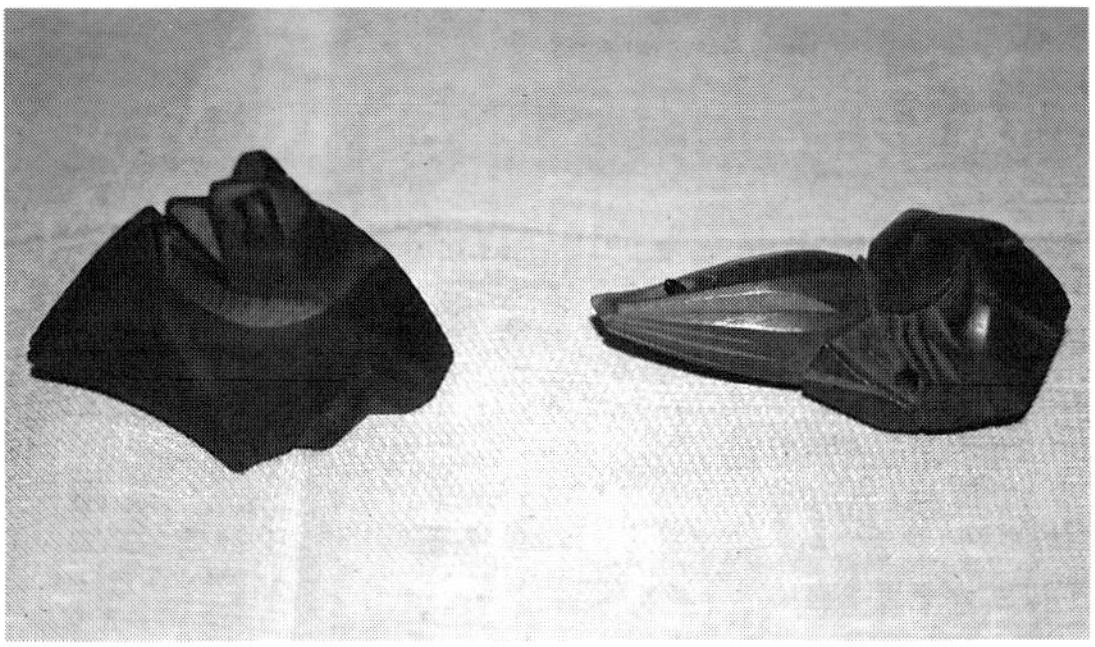

右／津田亮則作「海老の根付」
左／松田亮長作「蝙蝠香合」

の方がヤニが多いんです。飛騨の木は、木肌が金時芋のように赤いものが良く、白っぽいものはアテがあり使い物になりません。樹齢300年の木だと小さい物は彫れますが、1尺くらいの大きいものを作る時は樹齢400〜500年くらいのものを使います。

## 乾燥は一定温度で

買ってから土間の倉庫で4〜5年自然乾燥させて使います。コンクリートだと割れが入ってしまいます。以前、電子レンジで三寸角の物を乾燥させたところ、さかずき三杯くらいの水が出ました。これはありがたいと思ったんですが、ものの30分もたたないうちにいくつも割れが入って使い物になりませんでした。やはり適度の湿度と一定の温度で自然乾燥させないとだめですね。

風が当たると彫っている間にも割れが入りますから、仕事場は夏でも閉め切っています。高山では6月くらいが一番いいですね。面の縦に割れが入ると使い物にならなくなります。木口の割れなら丁寧に埋木をすれば分かりません。埋木は同じ木ではなく、少し薄い色の木を使います。埋めた後は埋木が締められて黒くなるので、同じ色調になるからです。

組合で機械で人工乾燥をやったことはいままでにないんですか。

試験所ではやっているようですが、信用しません。なかには日にちがない仕事だと彫っている時に水が出ることがあります。乾くと硬くなりますから、柔らかいうちに粗彫りをして、新聞紙にくるんでダンボールに入れて屋根に上げておきます。そうするとわりあい早く乾燥します。

イチイの木の特徴は色が白く、皮があって、白太《しらた》があって、赤太があることと表からは

「竹に蛙と蝸牛」を彫る亮友さん

見えない小節がたくさんあることです。白太を少しアクセントとして残して使います。地元の材は1センチくらい白太がありますが、北海道のものはやや少なく7〜8ミリです。いまは一年中伐採しますから、水が上がる前に伐採すると白太に黴が生えてしまい、滅多に白太のある木では作れません。自在鈎、ブローチ、戦前は帯留めなどに使うくらいです。白太はねばりがあり、彫る時に力がいります。赤太はさっと彫れます。中心部分は硬くて使えませんので、1尺2寸の木で中心の4、5寸は使えませんから、高い材料になります。いい材料で半分、なかには全然使えない木もあります。ヤニとヤニの間の1寸くらいの小さい材でおみやげ用の十二支とか達磨などを作ったり、身体障害者の方が彫刻をしていますので、差し上げたりします。

高山では大きく分けて七福神などの置物と飾りの面、茶道具、装身具などを彫っています。私はもう年で大きなものは無理なので印籠《いんろう》を彫っています。高山ではお祭の時に印籠を右に差します。この根付は誰が彫ったとか、印籠の良し悪しを競うのが祭りの楽しみなんです。

私は15歳で父の亮則に弟子入りしました。最初は道具の研ぎ方、使い方の稽古のために菓子楊枝、富士山の形の富士楊枝、爪楊枝を二カ月くらい練習して、簡単な物から入っていきます。高山では、雷鳥、打出の小槌からだんだん難しい物を作り、最低6〜7年、まあ10年たたないと本当ではないです。お客さんから注文を受けて作るのには10〜15年かかります。道具は100〜150丁の彫刻刀です。

いままでにやめようと思ったことはありますか。

私はありません。弟子は県外から来た者は八分通り駄目です。一日座っている仕事です

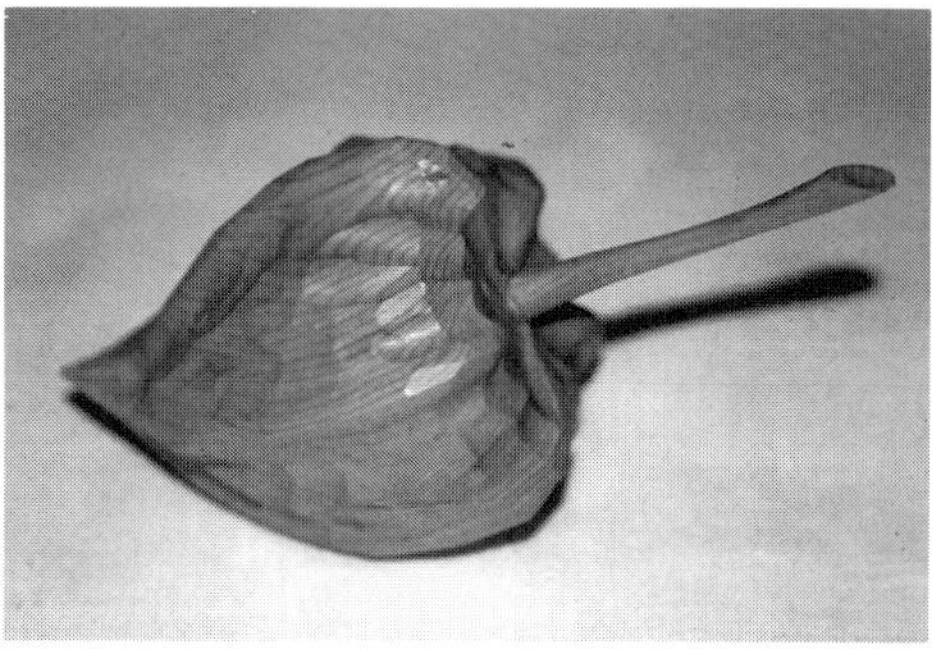

津田亮友作「ほおづき香合」

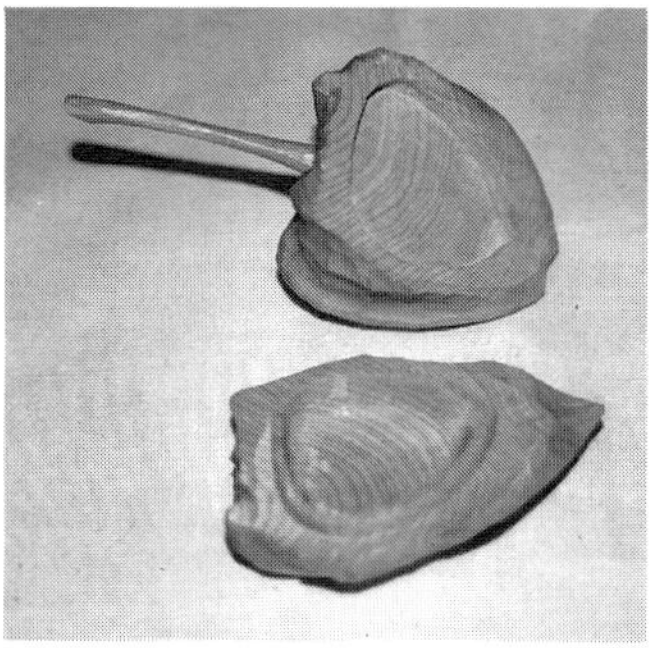

内型の仕上には逆目《さかめ》があるので、制作には熟練の技が必要

し、師匠から叱られ2年くらいたつといやになるようです。うちでも6人、親父は8人弟子がおりましたが、根気が続きません。最初から最後まで根気です。うちでは息子が2人(亮友、亮佳)とも後を継いでいて、年末には3人並んで弟子と一緒に干支を700個くらい彫ります。

一番難しいのは仏像なんですか。

私は仏像だと思います。バランスと顔。顔は好き好きで、昔の仏像にもいい物も悪い物もあります。面もお福の面などは難しいです。まだ般若の面の方がごまかしが効きます。

## 飛騨の匠の流れをくむ職人

もともとは飛騨の匠という一つの技術が宮大工の彫刻と屋台彫刻、それと一刀彫に枝分かれしたんですか。

そうです、もとは飛騨の匠の流れをくむ職人です。宮大工ですね。人口6万人の町にお寺が50、神社が60くらいあります。亮貞の本当の親は宮大工で、独創的で大胆で優美な屋台彫刻で高山祭屋台の価値を不動のものにした谷口与鹿《よろく》の弟子の浅井一之です。

現在、一刀彫の職人さんは高山に何人いらっしゃるんですか。

組合に入っている人が70人くらいおります。入っていない人を入れれば100人くらいになります。後継者が入らず、弟子がいるのは2軒だけです。息子が後を継ぎ、弟子が2人いるのは組合ではうちだけです。みんな45歳から50歳くらいですから、後継者が入らないとどんどん少なくなり、50年もたつといなくなってしまいます。それが心配ですね。息子さんがいてもボーナスが貰える会社勤めをする方が多いですね。それと不思議に女のお

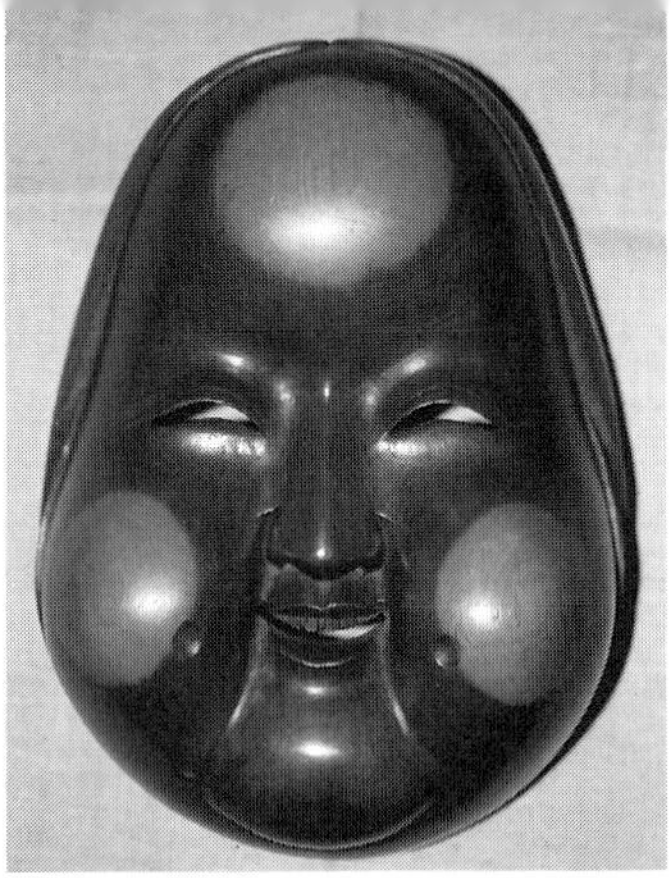

亮定作「お福面」

亮定作「べしみ」

子さんが多いんですね。

売上は安定していますか。

少ないですが、そんなに減ってはいません。退官記念や結婚祝いなどに高砂、翁舞などのまとまった注文がありますから。一刀彫の店は8軒くらいで、あとの職人さんは得意先を持っていて問屋から直接注文を受けています。

新しいデザインは作っていますか。

奈良で薪能を見てモチーフにしたり、先代のデザインを私なりに手を加えたりして新しいデザインを作ります。これは彫りものになると思うものは、スケッチや記録をしたり、絵画や写真をヒントにしたりします。題材が決まると油土で原型を作ります。原型ができたところで木に取りかかります。木取りが一番大事です。外からは見えない節があったり、木口に割れが入ったりします。

伝統的なものでも昔のままというわけにはいきません。馬車と自動車のスピードの違いが人間の感覚も変えているわけですから、やっぱりその時代の気分というものが表れていないと売れないと思います。ですから、こういう仕事は死ぬまで勉強だと思っています。不動明王、座禅草、なまず、三国志の諸葛孔明など、まだまだ彫りたいものがありますから。

印籠を彫る津田亮定さん

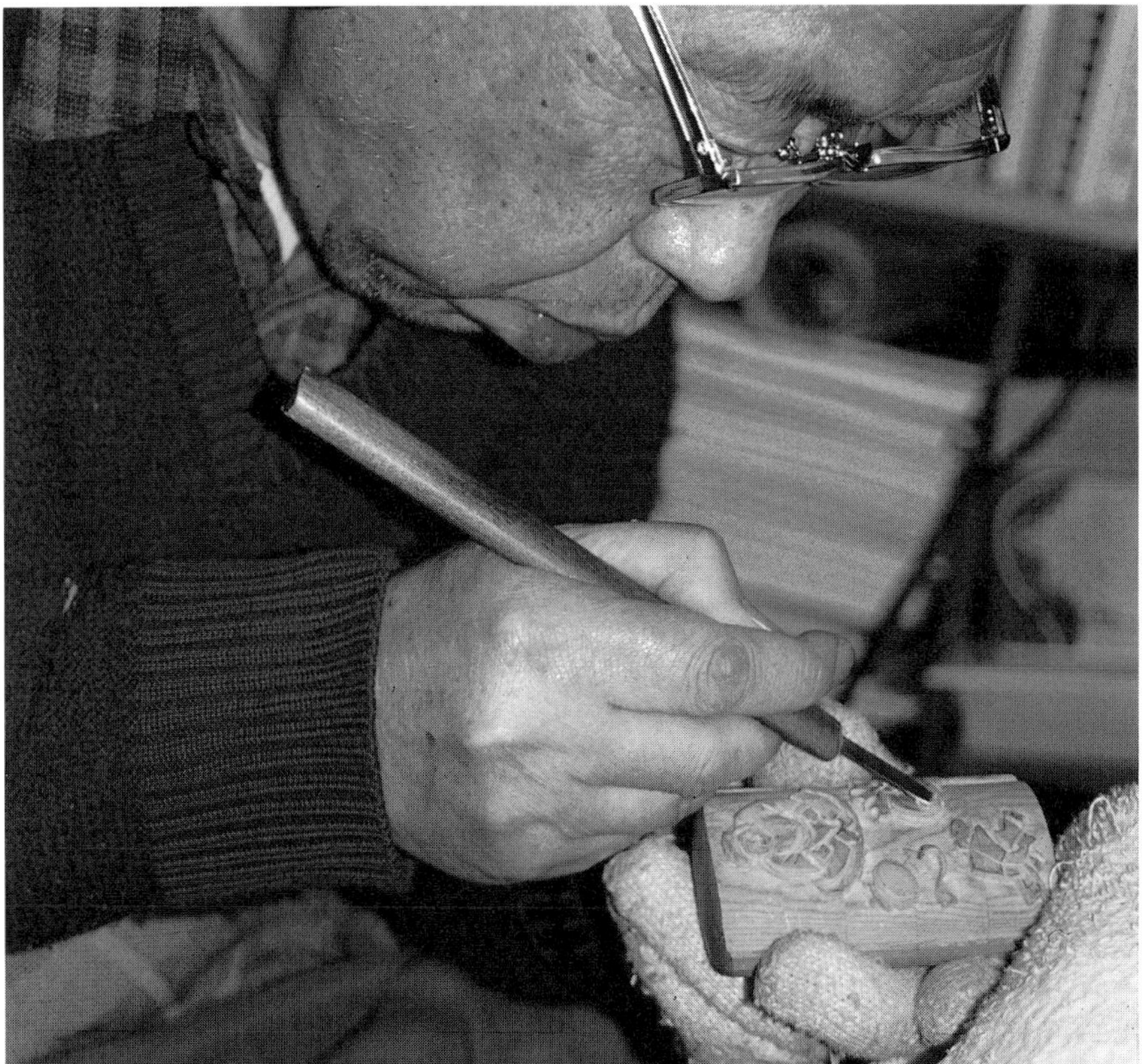

仕事場外観（石川県・門前町）

# だだくささが力

漆芸家　角　偉三郎

## 茅葺きの民家を仕事場に

以前に茅葺きの民家で仕事場を造ったのはいつですか。

20数年前です。民家がばたばた倒されていって、茅葺きの家を建てたいと言うと情報をくれました。10数件見ましたが、どれも立派でこれにしようと決まらないんです。そのうちに時間がどんどん経って、このままだったらやらなくなるかもしれないという気持ちになって、輪島市と珠洲市の境目にある民家を見に行きました。周りは草がぼうぼうだし、屋根は壊れかけ、土間は真っ暗ですが上を見ると屋根が破れていて青空が見えました。30年は経っているということでした。立派な家は私には合わなかったんですね。

その家に決め、解体して輪島市内の田圃の真ん中に持って来ました。持ってこなかったのは壁だけです。動かない石が1個ありましたが、土台の石も持ってきました。最初は茅の屋根でしたが、いまは瓦に葺き変えています。柱は栗であと100年、150年もつと言われましたが、その後、周りの風景があまりに変わってしまって、いまはそこで仕事をする気にならないんです。実際に仕事をしていると、天井からゴミが落ちたりするんで、漆の仕事場としては100%間違いです。ですけれど私の仕事はいろいろなものが混ざっているので、その中の一つがゴミかもしれないし、あえてそういうものを創っていた時期

角　偉三郎／かど・いさぶろう
昭和15年生まれ
昭和20年　沈金師・橋本哲四郎に入門
昭和37年　日本現代工芸美術展入選
その後、日本国内をはじめ世界各地で個展を開催、また作品展に出品

パブリックコレクション
石川県立美術館、輪島漆芸美術館、ヴィクトリア・アルバート王立工芸博物館(イギリス)、パリ民族学博物館（フランス）、Yale美術館(アメリカ)、東京国立近代美術工芸館、ベルリン国立美術館工芸館（ドイツ）、フランクフルト工芸美術館（ドイツ）など

『木の建築』42号（平成9年8月）掲載

合鹿椀。右は制作途中のもの

もありました。

若い時から地元のじいちゃんと話すのが好きで、いろいろ教えてもらいました。その一つに「田植椀」があります。合鹿《ごうろく》椀よりも優しく、布も貼ってないし、漆を1回しか塗っていません。もう1回塗ろうという考えが起きないんです。漆を採る時に入った木くずだと思うんですが、ぶつぶつがいっぱい付いています。普通だったら漉すんですが、漉さないままで平気で使っているんです。このお椀を見た時感動しました。いままでたくさんのお椀を見ましたが、どれよりも光って見えました。

私もこんなお椀を創ろうと思い、何でもかんでも入っている中国産の漆を買って試してみました。初めはよかった。でも、2回、3回とやっていくうちに、だんだん考えてしまって漆をもっと付けようと思うんです。そうすると、田植椀の良さが死んでしまいます。それで止めたんです。

## 田植椀の力強さに学ぶ

田植椀という名前は、田植えの時に畦に座って昼ご飯を食べた椀をいつの間にかそう呼ぶようになったのかなと思います。生地は欅のヨコ木で少し小振りの布も貼っていない本当に粗野なものです。合鹿ほど厚みはないんですが、強さは十分ありますし、野外での労働の最中に使う食器なのでそれでいいという解釈なんでしょう。たった1回しか塗っていないけれど、輪島の30回、50回塗ったものと力は同じです。そのことを教わりました。

いま、輪島というと洗練されたものが市場に出回っていますが、漆芸には幅があったんでしょうね。消えてしまったものもずいぶんあるだろうと思います。

縁側

囲炉裏のある板の間より土間を見る

私も輪島にいづらい時期があったんです。助かっているのは輪島塗りよりも丈夫だと言ってもらえることです。肉付けせず、漆だけの塗りですから。いまの輪島塗りだけを見てこうだと思って、明治のものは輪島塗りではなかったとなるんです。輪島の長い歴史の中では、輪島塗りとして産地になる前の塗りに関心があります。まだ地の粉さえも届いていなかった時期に、こつこつ創っていた頃の確かさみたいなものに興味があります。それが輪島にはなかったと言いきれるかというと、そうじゃないと思います。

## 日常の食器に漆を

そういう仕事の方向性と古い民家で仕事をするというのは、重なってきますね。

私がお椀を手掛けるようになったのは、32、33歳の時でした。古い民家を移築したのが35、36歳でした。お椀を創る以前の、日展に出展している漆を見るとパネルとオブジェです。器は一点もないんです。私も最初は疑わないで、刺激されていましたし、そういう表現をしていました。そのうちなぜ漆を使うんだろうという疑問が起きました。漆以外の塗料でもいいだろう、たくさんの塗料があるわけですから。漆以外の塗料でも、漆以上の表現が可能だと思いました。では、漆という素材とは何だろうということから、器につながっていきました。

木地はどうやって創ってもらうんですか。

食器にこそ漆はふさわしく、日常のものにこそ漆の働きがあるという思いがあって、食器を創る以上自分で創らなければいけないんではないかと、32歳の時に木地屋に弟子入りします。2カ月でくびになってしまいますが。下手は下手なりに形になるんです。出来た

左より、小重、三郎椀（朱・黒）、とき椀。角偉三郎うるし展案内より（写真／岡崎良一）

ものを眺めていると楽しいんですが、時間が経つにしたがって違うものに見え始めました。これは器じゃない。オブジェ、置物なんです。あまりにも主張しているんです。辞めろと言われたこととも重なってずいぶんショックでしばらく離れます。

再びお椀創りを始めた時に職人さんを通して自分の考えを伝え、形になった時に今度は器になりました。そこには自分が少ないんです。ものが静かなんです。そうすると、こっちまで気持ちが和らいでくるんです。それから、食器というのは個人プレイの世界ではないと、自分だけで終わらないことが工芸ではないかと。つまり、作家側のものではなく、複数の人で仕上がるということです。これはお椀だけでなく、器の場合はすべてに言えると思います。

塗りでも輪島の業者は嫌いますが、刷毛目がすーっと残ったり、朱のぼけというむらを悪くないと思っている職人さんもいます。椀に布を貼る時にも、縁だけに布を貼って仕上げてしまう職人さんもいます。そのだだくささ（不格好な、小汚いという意味の能登の方言）が力です。作家の感覚とは比べ物にならない力を職人さんは持っていると思います。

## 馬屋をイメージした仕事場

今回新築された仕事場を造る前に、角さんの中にはその全体像がありましたか。

全体像はありませんでしたが、期待はすごくありました。農家でもそうですが、酒蔵の梁は重なっていますよね。あれはやりたかったんです。そうすると周りの構造もそれに従ったものになるでしょう。部分的なイメージを伝えて造ってもらいました。設計者の高木信治さんと大工と3人で集まることもしばしばでした。母屋を建てたつもりはないんです。

内と外をつなぐ土間

仕事場内部

馬屋を建てたいと思っていたんです。人が住むと考えると、いろいろ便利にするでしょう。それとは遠いところから始めたいと思いました。馬屋だと木の扱いも木の大きさも変わってきそうです。全体に太くないですか。馬屋という切り口が出ているような気がします。

設計者は高木さんですから、どうしてもしゃりっというところが出てきます。材料は大工さんが材木屋へ行って揃えました。2階の牛梁はだいぶ時間が掛かりました。大工が描いている太さの材が出るのを待っていたようです。椿原豊一さんという棟梁が頑張ってくれました。自分の中で膨らんだものを創っていたようです。彼が頼まれて結論を出すということをやっていました。

―1階の一部は土間になっていますが。

土間はすごく憧れていました。こどもの頃の思い出が影響があると思います。でこぼこしていて、暗いでしょう。梅雨時はぬめっとして、私の古い家はそこを通らないとトイレに行けなかったんです。昼は破れた節穴から光が落ちてきたり、隙間から刀のように光が差し込んでいた思い出が強烈にあって、土間が欲しいなと思いました。土間は家の中にありますが、外とつながっている。外でもあり、内でもある、そこらへんが私の好きなところで、興味のあるところです。分けられているんだけれども、分かれていない。そういうところに自分の住まいをおくことを考えていたと思います。1階の床は普通より低いと思いますが、土間と床を近づけたかったんです。

―屋根の形やプロポーションなどは設計者とのやり取りで決めたんですか。

簡単なスケッチは最初に持って行きました。以前に見た福井の池田町の民家の印象がたいへん強く、二つの入り口が両方とも障子でした。そこから始まっているかもしれません。

仕事場内部

設計者はもちろん図面を描くわけですが、出てくる木材の太さも違うし、組み方も変わってきますね。

2階の登り梁は設計者ではなく、大工の意見を優先しました。彼の持っているものを引き出すということの繰り返しだったように思います。

壁は私も大工も設計者も十分ではないと思っています。スサをたくさんみていなかったこともあるし、実験も足りなかった。これでいいかというようなところで終わってしまいました。もう少しスサが荒目の仕上がりの方がこの家には合うような気がします。天井、2階の床は二重構造になっていますが、配線が納められています。それは設計者に全くお任せです。目で見えるところの柱や垂木《たるき》の寸法と間隔は大工の意見の方が大きかったと思います。この家が出来てからいろいろな方がみえますが、大工は面白かっただろうなとか、十分な仕事をしたんだろうなとか、設計者の話題が少ないですね。

住まれてみてどうですか。最初の構想と設計者や大工さんが自在にやった部分もあるようですから。

輪島にあるわが家の古い家の後ろの方は完全に高木さんにお任せしましたが、輪島塗りの様に完璧です。それと比べるとここは緊張がないですね。私を包んでくれているような、安心しているような感じですね。私はたいへん満足しています。疲れないんです。まだ馴染んでいませんが、ゆっくり馴染んでいくような気がします。

一つ課題が残っています。正面からみて左側にトイレと物入れがありますが、全部壁で覆われています。1箇所に穴を開けたらいいなと思っています。それを入れたら完璧になります。完璧になり過ぎるので、多分入れないだろうなと思っていますが。

# 合掌造りの里に再現された石場かち

大工　今藤末治

今藤末治／こんどう・すえじ
明治43年生まれ。大工
17歳で大工の修業を始める
『木の建築』29号（平成5年10月）掲載

岐阜県・白川村で合掌造りの技術伝承事業の一環として、空き家になった合掌造り民家を、昔ながらの伝統技術による構法で復元・移築を試み、その建設過程の映像・写真・文字等による記録が行われている。平成5年9月15日には礎石を叩き込む「石場かち」が実施された。合掌造りの建築経験のある数少ない大工であり、今回その技術的な指導を行っている今藤さんにお話をうかがった。

合掌造りを最後に造ったのはいつですか。

戦前の昭和中頃です。同じ集落の中の家です。ダムのために水没する家を移築しました。全く新築したのは昭和の初め頃でした。それから大正15年に自分の家を親父と2人で造りました。その時は鉞《まさかり》や手斧《ちょうな》で木材をはつったり、ほぞ穴を彫ったりしました。刻みは2人だけでやりました。合掌は杣《そま》が手伝ってくれました。合掌には姫小松を使いました。杉を使うようになったのは昭和に入ってからです。母屋は楢の木を割ってそれを合掌に縛り付けたんです。石場かちはしませんでした。

## 杣から大工へ仕事を受け渡す儀式

昔は丁張《ちょうはり》出すようなことは大工がやったけれども、それ以外の櫓《やぐら》とか撞木《しゅもく》などを作る

丁張の終わった状態。真ん中の列手前から二番目が大黒柱の礎石

撞木の根本は割れないようにふじつるで巻き、そのつるが緩まないように、くさびがびっしり打ち込まれている

のは杣の仕事でした。私がやった頃はもう杣がいませんでしたから大工がやりました。石の位置も大工が決め、石は手伝いの人夫が拾ってきました。石を見つけるのも、昔は杣の仕事でした。石は家の廻りから掘り起こして使いました。石場かちは杣から大工への仕事の受け渡しの儀式としての意味もあるように思います。いまは家を建てる時神主がきて祓いをするけれど、昭和の初め頃はそういうことはしませんでした。

石場かちを最後にやったのはいつですか。

昭和の中ごろの家を建てた時で、大安の日を選んでします。石場をいくらかかっても下に大きな石があったりして沈まない時には休むことがあります。そういう時は、廻りに水をかけて地盤を柔らくしてからやります。それから調度いい高さにならん、ものすごく入るものもあるんです。そういう時はある程度かってから次に移動して、その間に人夫が石を動かして下にぐり石を詰めてもう一度やり直します。大黒柱などの大きな石場の場合は相当ぐり石を入れたこともありました。

かつ順番は決まっていますか。

かち初めは大黒柱に決まっています。それから恵比寿。その石場をまず始めに二つか三つ打って、順番にほかに回ります。番付けの若い方から回ります。最後に大黒に戻って本式にかち納めをします。

石の置き方、水盛りはどうしていましたか。

丁張の杭から杭へ縄を水平に張って、縄を基準にして石の高さをそこから出すわけです。石の廻りに4本の杭を打って、その杭の頭を揃えておいて、撞木でかつ時に大工が睨んでおって大体杭の頭に来たなと思ったら拍子木を打って終了の合図を出します。それでも必

次にかつ礎石に櫓を移動する

大綱を引く白川村村民

ずしも石場の高さが全部揃わないので柱の長さを調節するための寸法を写すわけです。それから1寸なり1寸5分なり長く切ってそれから中をくって、独りでに柱が立つまで丸い石場に合わせます。

撞木の上に付ける鉋《かんな》くずはどんな意味があるんですか。

撞木の頭に竹が入っていて竹の頭に付けます。大工の腕前によって鉋をよう切らすと薄い鉋くずができて、柔らかいのでかっても切れて落ちんのです。大工がバシバシというような鉋くずをおこすと、最後までに鉋くずはちぎれてなくなってしまいます。素性のいい木でないとあれだけ長くきれませんから、その家の一番いい木を選んで大工が作ります。あれが切れて風に流れたのを縁起ものとしてこどもが拾い合いしたりしたもんです。

撞木は発注者が作るんですが、石場かちが終わると大工の棟梁のものになります。櫓や滑車は共同で管理して何回も使います。撞木はぶなの木などを使います。今回はぶながなくてかんばを使ったようです。ぶなは比重の高い木で生の木は水に入れると沈むくらいです。撞木の長さは16尺、太さは一番太いところで1尺と決まっています。下の方に重心がくるように下から3分の1くらいのところを一番太く作ります。

石場かちの仕事で一番難しいのはどこですか。

かつだけいいと思って、かちよっても石場が逃げますから、逃げすぎると掘り直しです。石のどこを打つか、大綱で引っ張る人とひげ縄で方向を調節する人がいるわけです。昔は縄はしなの皮で作っていましたが、撞木の根本に直接付けてある2メートル位のひげ縄で櫓の中に入って撞木が石場に当たるように方向を決めます。方向を調節するねどりは大工ではなく、若い屈強な男が10人くらいがひげ縄を持って櫓の中に入る。後は年寄り、こど

ひげ縄を持ったねどりが撞木を礎石へ導く

もが大綱を持って引っ張ります。大綱は滑車によって引っ張ります。今回は二方へしか撞木を引っ張る縄を付けないようですが、本当は4本取ったもんです。

## 楽しみながら石をかつ

朝早くからから始めるんですか。

8時くらいからですね。昼前に一度休憩をしてお酒も飲みます。昔はいまのようにたくさんご馳走がなかったので、手伝いの人たちはそういう楽しみもあったんです。あまりお酒をいただくと力が入りすぎて、撞木を片方に吊り上げてしまうことがあるんですよ。大工の打つ終了の拍子木の合図をいまかいまかと待っていて、最後の撞木を引っ張りあって勝負を決めるんです。そいうことをあいまにやるのであまり早く済むこともないし、適当に遊びながらやったもんです。結いに近いような奉仕です。

新築のお祝いに石場をかつわけです。めでたいことなのでそういう意気込みで集まります。最後に大黒柱をかってから、撞木を吊り上げておいて塩を撒いて清めたり撞木や石にもお酒をかけます。音頭取りという人がいて、その人がちょっとした節を付けてみんながそれに合わせて石場かちをします。初めは音頭によって引っ張ってやるんですが、少し大きめの石場で余計にかたなければいけない場合や調子が出てくるとこの後は「なんさ」またば「ながと」で頼むと言うと、今度は音頭無しで皆で歌を唄いながら大工が合図するまで連続でかつんです。昔は20歳くらいの若い者でも音頭取りをしました。声が大きく、そういうことが好きな人で度胸のいい物おじしない人が何人もで交替でします。音頭取りが多い時には音頭の取り合いがあります。何事も楽しみながらやったもんです。

大綱が放たれ撞木が礎石を叩く

墨付け中の斎藤マサさん

右／斎藤さん、左／古田土さん

斎藤マサ／さいとう・まさ
昭和7年　栃木県烏山生まれ
斎藤工務店社長
『木の建築』22号（平成3年12月）掲載

# 女棟梁の時代は来るか

棟梁　斎藤マサ

職人不足の中、建設業界に女性の進出が話題を呼んでいます。ここにご紹介する斎藤マサさんはこの道30年の女性の大工さん。まさしく元祖女棟梁に違いありません。まず大工さんになられたきっかけからおうかがいいしましょう。

家業が大工だったんですか。

いいえ。父は栃木県の烏山で和紙の関係の仕事をしておりました。

じゃ、嫁入り先が大工さん。

残念ながら、私独身でございます。

大変失礼いたしました。

私は烏山で学校を出た後、東京で小料理屋を始めまして、十数年働きましたが、両親を亡くしたのをきっかけに、もともと好きでなかったその仕事を辞めて故郷の烏山に戻ったのが31歳の時でした。その時ある棟梁に出会ったのが運命的でした。なにか非常にウマが合いまして、この人と一緒に仕事をしてみようと思ったわけですね。その人がいまウチの棟梁の古田土三郎さんです。古田土さんは家業が大工で14代目という人で、とにかく職人気質そのもの。腕はとびきりいいんですけど、商売はまるでだめ。烏山で出会った時も、仕事に失敗して借金を抱えて落胆していたんです。

埼玉県・明王院

私はとにかくその人柄と腕に惚れて二人で会社を始めました。仕事は順調で、宇都宮で高級注文住宅が中心で、大工は多い時で20人ぐらいに増えました。ところが、私もこの道は全くの素人。古田士さんが仕事に入れ込めば入れ込むほど赤字という状態で、斎藤工務店を設立して数年で見事に倒産したんです。

## 30歳半ばからの大工修業

まあそんなわけで、大工は皆いなくなりまして、やむなく私が大工を始めたというわけですね。その時初めて鑿《のみ》、鉋《かんな》を持ったんです。30歳も半ばを過ぎておりました。

30歳も半ばを過ぎた女性が、大工技能を身に着けるのは並大抵の努力では済まないと思いますが。

倒産前も見積もりや図面は必要に迫られてひいておりました。とにかく自分の会社ですから、人に強制されているわけではありませんから、大抵の仕事は苦になりませんでしょ。でも大工としてに技みたいなものを覚えるのにはそれは泣きましたよ。

仕口とか造作ですけど、とにかく人がやるのを見よう見真似で。盗んで覚えるしかないわけですが、棟梁にだめと言われた晩は悔しくて布団かぶって泣きましたよ。いまと違ってそんなに電動工具が普及していませんでしたから、梁桁のほぞ穴彫りなんかはけっこうつらいものでした。

道具では鑿の研ぎ方がなかなかできなかったわね。鉋はまっすぐに研げばいいけど、鑿は刃先がテラないとだめなの。つまり刃の両側をはらませて、真中を減らさないと鑿というのは食い込まないの。そこが難しくてね。

明王院の海老虹梁

普通だと鑿、鉋を持って墨付けをするまで2、3年かかるそうですが、私は8カ月で30坪程の住宅の墨付けをやりました。

仕事場を千葉に移しましてからは、基本的には古田土さんと2人でした。私が墨付けして刻みは棟梁。私はからだが小さいものですから、大きな木材は扱いが大変なんです。また、千葉では建て方は鳶がやりますから、高い所に上がることもそんなにありません。

墨付けって一言で言いますけど、立体的に考える頭が必要でしょう。

そうだわね。こうして手板を見ていると、家がだんだん出来上がる姿が浮かんでくるのね。でも、手板っていうのはね、人が書いた物を見ても頭には入らないの。手板を書かないと墨付けはちょっと難しいし、木拾いもできないわね。手板を書けば、そこに表われている柱なんかはもちろん、書かれていない間柱も全部拾えちゃうわね。

いまにして思えば、家で棚を作るとか、ちょっとした箱を作るとかは母がやっていましたね。鋸《のこぎり》で切って鉋をかけて、そりゃ器用なものでしたよ。父はなにもできなかった。こどもの頃にそういうのを見てきたから、こういう仕事に抵抗はなかったということはあるかもしれない。一升枡の寸法、四方4寸9分、深さ2寸2分も母に教えてもらった。この一升枡の寸法が、扇垂木《おうぎたるき》を割り出す時の枡曲だってことを棟梁に教えてもらったんですけど。実はその話が、棟梁と出会ったきっかけだったんです。変わったことを知っている女だなと思って興味を持ったんじゃないですか。

この仕事で最も面白いところは。

やっぱり、立ち上がっていく時の喜びは、心踊るものがありますね。それはこの年になっても変わりませんね。うれしいもんだわね。

海老虹梁

小屋組

今度烏山に戻って、お寺を二つやらせてもらいました。私にとっては初めての経験でとても楽しい仕事でした。海老虹梁《えびこうりょう》ってのがあるでしょう。その彫刻を初めて彫ったんです。ほんとに楽しかったわ。自分の仕事が100年と残るんですから。それがみんなが見るところですからね。

デザインも斎藤さんがなさったんですか。

それは棟梁です。全部フリーハンドで原寸を書くんです。

そういう彫刻のデザインをこれから勉強なさるんですか。

私が。できないでしょう。やろうって思ってできるもんじゃないのね。私はこどものうちから絵は下手だったからね。数学は得意だったんですけどね。

怪我などされたことはありませんか。

一度もありません。私は職人に対して怪我だけはしないように、本当に口やかましく言います。それで自分で怪我しちゃしょうがないでしょう。

## 古田土棟梁との二人三脚

古田土さんという素晴らしい師匠であり、パートナーである方とのコンビで今日までやってこられたということですか。

お互い得意な部分でカバーしあえたということですね。

そういう意味で、建築業界で女性の活躍する余地は相当あるということになりますね。

ありますね。できるんだもの。興味があって、やり遂げる根性があればね。

女であることのハンデはありますか。

隅軒

妻部の詳細

そりゃ腕力が無いことははっきりしてるけど、最近は電動工具が発達しているから、それも問題ではなくなった。逆に営業や設計や仕事をまとめるうえで、女であることがプラスになることも多い。間取りなんかを相談する時なんかも、生活感のある女性の方がかえってお客さんに喜ばれますよ。棟梁が行っても、なかなかもらえない仕事も、私が行く方がうまくいく。だからかえって女性がやっても面白いと思うんですけどね。

大工は男世界のことだから、全然別世界だと思い込んで、はねのけている。身近に考えない。女だからだめだってことは何もないし、女の方が向いているところもけっこうあるんですけどね。ただトイレなんかは若い時はつらかったわね。現場にトイレないでしょう。だから、まず現場に行ったら周辺の地理を把握して、パチンコ屋やガソリンスタンドなんかを探しておいて。それでけっこう大丈夫でしたけどね。

最近の若い職人の仕事ぶりはどうですか。

うちの職人見てるかぎりは、まだまだ根性ありますよ。技能に関しては棟梁にまかせて、私は段取りとか仕事のまとめ方なんか、ほか一切のことは私が教える。昔の職人は経営能力ゼロですからね。これからはそれではやっていけないんですね。

全然教えなかったということですか。

**古田土**　お互いの個性が強いので、へたに教えるとけんかになっちゃうんでね。若い時にいい建物をたくさん見ているのがよかったんじゃないかと思う。

## 若い頃の経験が生きる

**斎藤**　そうね。歌舞伎座や演舞場に毎月のように行っていたし。相撲は砂かぶりで楽しんだし、料亭でもいいところに連れて行ってもらった。この点では前の商売の付き合いでものすごく恵まれていました。それが大工になってから生きているのかな。

女の大工さんというのは、棟梁から見てどうですか。

**古田土**　いいんじゃないかと思います。ひらめきが男と違うところが面白いね。考え方がとらわれないところもいいね。男の大工は床の間や造作に力を向ける。ところが女は使い勝手にとても気を配る。男だけでやってきて気が付かないところに気が付く。それがけっこう多いんだな。

男だけの世界に女が入ることで、どこか変わりますか。

**古田土**　職人ていうのは、偏屈だからね。言う事にカドがたつ。女が入っている方が、人間関係はまとまるようだね。

**斎藤**　若い職人をどなるのは私の仕事なんです。バカヤロー、何やってんだってね。男にまともに怒鳴られたら頭にきて辞めちゃいますよ。最近の子は特にね。けっこう女って便利なんですよ。

# 甦る土佐漆喰

左官職人　久保田騎志夫

まず初めに土佐漆喰と普通の漆喰の違いについて。

土佐漆喰は厚く塗るもの、普通の漆喰は薄く仕上げる。土佐漆喰は石灰と藁だけでできている。糊とかほかのものは一切混ぜない。こんな単純な素材はほかに例がないんじゃないかと思う。藁スサの長さは3センチほど。

石灰そのものに違いはないのですか。

土佐は石灰岩が無尽蔵にあって石灰製造業者が三つほどあるが、それほど違いはない。問題は藁スサの分量と、それを混ぜてどれだけ砕いてあるか。砕いてないと塗っていて、いちいち取り除くのが大変。

いまでも職人さんが自分で混ぜているのですか。

いまでは、土佐漆喰として石灰と藁と水を混ぜて製品化されたもの買うてくる。ただ、私の場合は店から買うてきたのを、最低でも半年ほど寝かしてから使う。店から買ったものをすぐ使うと、華が咲くの、パンパンと石灰がはじいてきて穴だらけになるの。半年ほど寝かすとそれがふけるようだね。

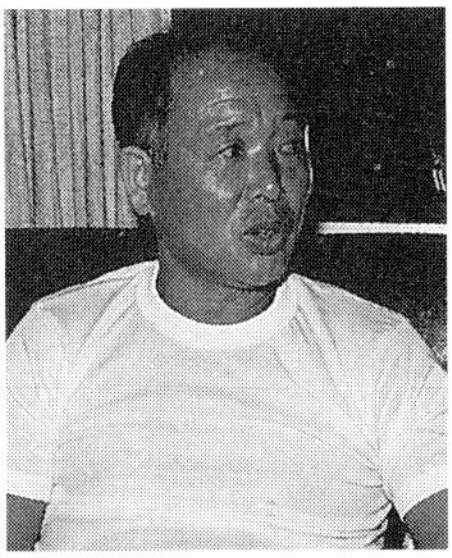

久保田騎志夫／くぼた・きしお
昭和13年　高知県安田町生まれ
平成11年　現代の名工を受賞
伝統の土佐漆喰工法を堅持するとともに後継者の育成に努めている
『木の建築』6号（昭和62年12月）掲載

### 土佐漆喰を用いた外壁大壁工法

①木舞下地工程　　②メタルラス下地工程

木舞下地（ひげこを取付ける）　　ラス下地
↓　　↓
荒　壁　　モルタルこすり
↓　　↓（はんだへ）
大直し（この工程でひげこを伏せ込む）
↓
はんだ（土佐漆喰とおろし土を1：1で配合）2回
↓
中塗り2回
↓
砂漆喰（土佐漆喰と砂を2～3：1で配合）2回
↓
土佐漆喰(1)仕上げ2回
↓
アマかけ（土佐漆喰を0・3㎜ふるいで通したもの。漆喰の表面が硬化し始めた頃塗り付ける）
↓
みがき（みがき終わると、仕上げ漆喰厚さは、5㎜程度になる。土佐漆喰全体の厚さは5～7㎝程度）

(1)プレミックスの材料をビニール袋に入れたまま3カ月以上ねかせたものを使用。2回塗りで厚さ10㎜
*塩焼き石灰を俵詰めにして自然消化させたものを「改良灰」「俵灰」、水で消化させたものを「地灰」と称す
*2回塗りはすべておっかけ塗り

## 厚塗り、みがきの土佐漆喰

土佐漆喰も一種のみがき仕上げのようですが、いわゆるみがき漆喰と土佐漆喰の違いは。

風雨にたたかれて何年耐えられるかということ。ここ土佐で、普通の漆喰を1センチくらいの厚さに塗ってつやを出しても、大きい台風が来たら流されて、つやがのうなりやせんかと思う。一時は水をはじくと思うけんど。糊が入っている材質というものは、つやが長持ちせんと思う。土佐漆喰はそういうものは何も入ってないもんじゃきに。

また、漆喰は水を吸っちゃ吐き、吸っちゃ吐きを繰り返すわけだけど、みがきがかかると、この水の吸収量が格段に減る。それで長持ちするということです。

土佐漆喰の場合は、最低5センチぐらい塗らないと光が出せない。光を出すには、何百回と同じ所を鏝で押さえていく。これを厚く塗ったわ、2～3回塗って仕上げてぽっと置いたわということになると、これはどうしようもないものになってしまう。水はパッと吸うわ、湿気を吸うわで、ちょうど鍾乳洞のつららのようなものができてしまうわけよ。

瓦を使った水切り瓦の効用について。

できるだけ壁に水をあてないという意味から言うたら、30センチ間隔で入れたらはっきりした効果があると思うけど、60センチ間隔になってくると、雨があたる下の方が薄汚れてムラになってくる。

漆喰塗りの見切り縁としての効果もあるのですか。

そう。壁が大きくなればなるほど、一枚ではピタッとよう塗らんわけよ。光を出せば出すほど、光ムラが出てくるわけ。そこで小切ると、そのムラのないように塗りやすい。また大きな壁を一枚で光を出すにはそれだけ一度に大勢の職人がいるわけ。瓦を使わなくて

も、水平に段をつけてあるのは、そこで仕事のキリをつけるわけ。これはここ20年ほど前からのもので古くからのものではない。まあ水切りの簡略構法ということだけど、合理的でデザイン的にも家の重みが出ていい。

いまの施主さんの考えは、家にどっしりとした重みをつけるということに走ってるね。これが第一。あの家に負けるなと、金はなんぼでも出して構わんと。こういう家同士の競争意識から水切り瓦をつけるわけ。我々の方も商売だから、本来の意味を忘れがちになるわけよの。だけども、同じ家でも風のくる場所は決まっている。そういう場所は完全にみがきを入れる。手が抜けるところは抜く。こう割り切らないと、手間が掛かってかなわんね。


大まかに言って、土佐漆喰の壁はどのくらいの単価ですか。


普通のみがきで、壁坪で2万円かけさせてもらったらできるなあと思う。それに水切りがつくと、壁坪で10万円ということやな。大まかに言って、水切り瓦1枚つくと1万円とこういう計算。300枚水切り瓦ついたら左官工事に300万円かかると思ってくださいと説明すると施主も納得する。

そうすると大工手間より、左官手間の方が余計掛かっている家もあるわけですね。

ある、ある。水切り瓦つける壁はそれだけで大工手間よりいっちゃう。それにここの左官は瓦屋根も葺くから。

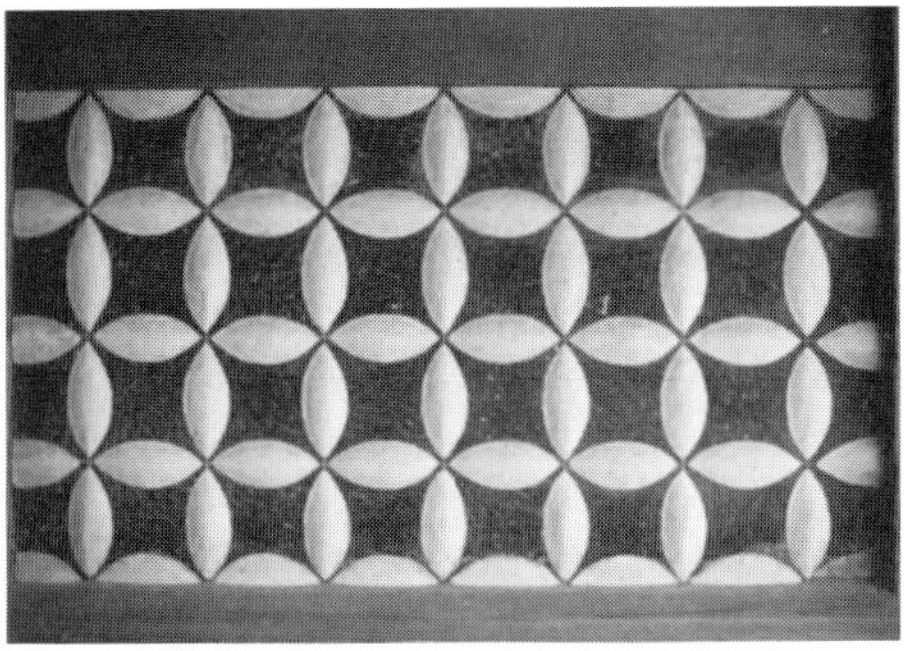
明治の漆喰彫刻

## 明治の土蔵、昭和の土蔵

水切り瓦をたくさんつけた土佐漆喰は、もともと土蔵に使われたものですか。

明治の土蔵

そうやと思うけど、私がこの道に入って30年になるけど、その間新築の土蔵は一軒も建ってない。土佐漆喰塗るのは、主屋の切妻の破風《はふ》よね。それと納屋。ビニールハウスができる前は、障子紙を使ったハウス園芸だった。3尺×6尺の枠に障子を貼って、油プープー吹いて、それでハウスを組んだわけ。その作業と収納に大きな納屋が要った。そしてそれで利益を上げた家がそれを誇示するために、土蔵式の納屋を造ったということ。もう特別な金持ちじゃないと、ああいう仕事はなかった。

私は昭和29年に15歳で弟子入りして、約5年修業したわけだけど、その間、土蔵式の納屋の仕事は3軒しかなかった。そんなわけで、独立しても仕事はあんまりなかった。ところが、ここら辺りの金持ちの家では、主屋の縁側の庇に水切り瓦をつけていた。これはなぜかというと、屋根と庇の間にあまり空間があると、台風の時に柱の隙間から縁側に水が入ってくる。それを防ぐために水切り瓦を一枚入れる。私は食ってゆくためにこれを施主を口説いてつけさせた。その仕事をやりながら、水切り瓦の技術を見よう見真似で覚えた。師匠のやった仕事を見て寸法とったり、彫刻写したり、何遍も原寸とりに行ったと思う。

その後、高度成長時代に入り、ハウス園芸で成功した農家が次々と土蔵式の納屋を建てる時代がやってくると、私の口説きに乗ってくる家がどんどん増えてきた。そこで次に、妻壁に水切り瓦をつける仕事を施主にすすめたわけだ。この仕事になると、最低3人の職人が要るわけで、土佐漆喰の本場の安芸《あき》から職人を雇ってきて、その職人と仕事をする中で、水切り瓦の仕事を学んだ。弟子の時にやっていたなかで大体見てわかっていただけで、こすっていて光の出てくるまでの時間とか、なかなか実際は難しいものよ。

水切り瓦の仕事はもともと安芸の商家や大地主の家で発達してきたものだから、その技

土蔵の水切り瓦詳細

能は安芸の左官が受け継いでいて、この辺りの相当腕のいい左官でも仕事を見たことのあるのはほとんどいなかったと思う。

明治、大正時代に安芸での土蔵に発達した水切り瓦、土佐漆喰が、昭和の高度成長時代にハウス園芸で儲けた周辺農家の納屋に復活したということですね。ところで、明治の土蔵と、昭和の土蔵式の納屋とで違いはないですか。

下地が全く変わった。昔はいわゆる土蔵で、いまは真壁の土蔵の外側にラスモルタル下地をして、土佐漆喰を塗るやり方に変わっている。土蔵をより安く、早く造る方法はないかと考え出されたものや。また、納屋といっても2階は若夫婦やこどもの寝室になっていて、窓がついて庇がつく。そうするとそこで壁が切れて、窓の庇に大量の重みがかかり無理がくるのや。そういうことも軽いラスモルタル下地が普及した理由と思う。

ラスモルタル下地になったことで、何か問題は生じていませんか。たとえば、クラックが入りやすいとか。

土佐漆喰はクラックが入ったら、手の打ちようがないのや。基本的なこと言うと、土蔵式の壁をつくるんだったら、壁塗った後漆喰で仕上げる前に5年くらい放っておいたらいいのや。木が乾燥して狂う所は狂わして、それから漆喰仕上げしたら問題ない。ところが、昨今はモルタル塗ってすぐ漆喰塗らざるを得ない。そこで何とか漆喰にクラックがこんような工夫がいるわけやが、一番いいのはラスモルタルの上に棕櫚《しゅろ》を全面に貼ることだけど、いまは棕櫚がなかなかなくなってしまった。で、替わりに寒冷紗を貼る。漆喰と土を混ぜたハンダというもので塗り込め、これを2枚貼ればまずクラックは防げるように思う。また、モルタルが強すぎるとクラックが入るので、厚過ぎたらいかん。ラスが錆びん程

最近の水切り瓦

安芸の商家

度に薄く塗るのがこつや。こんな風に下地は変わったけど、そっから上は何も変わってないと思う。

## これからの土佐漆喰

土佐漆喰を使ったハウス園芸農業の建築ブームはもうピークを過ぎたと思うけど、土佐漆喰自体の需要はまだまだ拡大していくと思う。たとえば、いままで外壁にトタンや板、いろんな新建材をうちよったのが、これがまだまだ漆喰を塗るということに戻ると思う。というのは、ここは海岸に沿って台風が強いろう。普通のもんでは塩にやられてしまう。その点漆喰はなかんずく塩に強い。我々は保証というのは特にしてないけど、100年はもってもらわんと困ると思って仕事してるわけや。

いまでも漆喰彫刻やれる職人が残ってますか。

安芸に一人いる。70歳過ぎた人で伊豆の長八美術館やった人よ。彫刻の名人で、いまでは孫にその技術を教えているようやね。その人は昔から彫刻専門で、その点に関しては私はまだまだ及ばん。

そら、技術自体は何というても昔からの人にかなわんよ。漆喰は実に奥が深い。漆喰彫刻やる人は長八もそうやけど、基本的には絵描きじゃと思う。これから私も絵の勉強せんといかんのやが、私の年では足らんことになってきた。

久保田騎志夫さんの手による土佐漆喰彫刻と水切り瓦

尾花沢市・高橋の土蔵。直治作、明治20年

# 北国に花を咲かせた鏝絵の花

左官職人　後藤秀次郎

## 左官職人は蔵造りの主役

大石田の左官屋さんの主な仕事は土蔵だったんですか。

土蔵が多かったですね。土蔵の白壁や商家の戸袋に家紋や吉祥模様の図柄を左官の鏝で細工したものを鏝絵《こてえ》といいます。鏝絵の技法を確立したのは伊豆長八（入江長八）で江戸末期から明治中期にかけて数多くの作品を手がけ活躍した左官職人です。大工は家を建てる時の主役ですが、左官職人は蔵造りの主役を務めました。一つ仕上げるのに2年くらいかかり、仕上げは大抵次の年の春先くらいになってしまいます。漆喰は暑い時の仕上げは乾いてひび割れてしまうので芳しくありません。冬は荒壁に使う小手縄をなったり、中塗りに入れるスサを切ったりして春先の準備をしていました。私の師匠の後藤市蔵はその他に余技として石膏細工を造ったりしていました。

市蔵さんの修業時代の話は聞いていますか。

大正2年、19歳の時に大石田町の恵比寿屋に恵比寿様の鯛釣りの鏝絵を施し、当時5円の報酬を貰い、家に断りもなしに伊豆の長八のところに修業に行きました。長八の弟子で三代目の次太郎の下で丸2年修業しました。帰省第一作は尾花沢市粟生の菅籐家の床の間の吉祥図で恵比寿、大黒、宝船、松竹梅、鶴亀を極彩色で描いた素晴らしいものです。現

後藤秀次郎／ごとう・ひでじろう
大正7年　山形県・大石田町生まれ
昭和8年　三代目後藤市蔵に弟子入り
現在、山形新幹線大石田駅に壁画を制作するなど、楽しみながら鏝絵に取り組まれています
『木の建築』28号（平成5年6月）掲載

銀山温泉・能登屋旅館正面玄関

能登屋屋号の短冊状の鏝絵

在大石田町から河北町谷地・山形周辺まで蔵が残っていますが、初代後藤直治、二代目秀蔵、三代目市蔵らの手がけたものが多いと思います。

市蔵さんとは何年くらい一緒に仕事をしましたか。

昭和8年に弟子入りし昭和21年に亡くなるまで一緒に仕事をしました。それ以前にも親戚だったので、近所に住んでいましたから仕事は見ていました。仕事は主に温泉場でした。銀山、瀬見、赤倉、鳴子などの旅館の仕事です。壁、天井、戸袋、お湯の出るところの細工など建物の左官仕事をすべてやりました。7、8人のグループで仕事をしていました。大工さんからの依頼がほとんどでした。昭和7年に銀山温泉へは荷車に布団、味噌、米など必要なものを全部乗せて行き、能登屋の主人の佐左エ門さんの物置を借りて暮らしながら仕事をしました。

## 能登屋をてがける

銀山温泉の老舗能登屋旅館の仕事ではどのくらい働いたんですか。

1年はかかりましたね。いまと違ってセメントを練るのも手ですから。旅館の他に共同浴場のコンクリート打ちもしましたから。下地は木舞《こまい》を掻いて荒壁を塗って中塗りをしてその上に漆喰です。彫刻はセメントです。入り口のキャピタルは漆喰で、その上の飾りは御影石に似せてセメントの洗い出し仕上げです。玄関2階には擬木欄干を付けました。戸袋や桐に鳳凰を配した屋号など大事な部分の鏝絵は市蔵が手掛けました。

左官屋さんの修業の年数は決まっているんですか。

学校を終わって兵隊検査まで5、6年くらいが弟子の時代です。お盆と正月におこづか

入った扉。保存のため板囲いしている。市蔵作、明治43年

なまこ壁を漆喰で模した井上家土蔵壁

いを貰い、仕事があれば働き、雨が降って仕事が出来ない時に休みました。最初の仕事は、壁を塗る時の手元です。壁を練ったり、運んだり、差したり、1年目はそんな仕事です。それから、木舞《こまい》掻《か》きです。この辺は宮城県と違って割竹でなく一本竹で間渡しを入れて葦をかいて、縄をかけます。後は食事の支度などもします。一番つらいのは壁土を運ぶ仕事でした。その頃は一輪車はないし、担いで運びました。

実際に左官の仕事を教えて貰うのは何年くらいたってからですか。

2年くらいです。下に若い衆がいないと2年も3年も下働きですが。3年目くらいになると、欲が出て上の人が休憩している時に見様見真似で壁を塗ってみたりして覚えます。4年くらいたてば大体一人前です。年があけても親方の所で1、2年やっていれば大概のことは覚えられますが、本当に一人前になるには10年くらいかかるでしょう。いまは左官屋の仕事は簡単になって、若い人で木舞を掻く人はいません。土なんかをやらせるとどうしていいか分からないようです。材料の作り方も知りません。

調合されていますからね。調合は難しいんですか。

ええ。我々はかんでやっていますから、目方はきちっとは分かりませんが。塗ったものが夕方までに仕上がるように、天気のいい日には糊を強くして、天気が悪い時には少し弱くしたり。

糊を濃くすると乾きにくいんですか。

そうです。自分が仕上げる時には、天気や塗る場所などによる塩梅《あんばい》というのは自分でないと分かりません。糊は海草です。角又《つのまた》を煮て使います。岩手県で採れたものを使っていましたが、いまは化学糊で、漆喰ができていますから。それに少し糊を足して使っていま

尾花沢市・上宿の阿部家の戸袋。秀蔵作、明治39年

す。

戦後、彫刻をやるような仕事はありませんでしたか。

ありませんでした。ずっとやらないでいて、大石田の学校に鏝絵を造ることになったんです。小野功司さんという銀行家が秀蔵の手がけた阿部家の牡丹に唐獅子の鏝絵を見ていいなと、それで誰が造ったのかということで10人くらいのグループで研究を始めました。その小野さんにあそこの彫刻は誰がやったものか覚えているかと聞かれたのが8年前です。細工された土蔵を所有している人でも、東洋のフレスコ画といわれる鏝絵の美的価値を認めている人はいないのが現状です。鏝絵は高知、愛媛県などにわずかと大分県に多く残っているといわれています。関東以北では長八の生地・静岡県伊豆松崎町に残っており、東北では山形県尾花沢市銀山温泉を中心に点在しています。

鏝絵や土蔵の火防の扉などは、修繕すればあと100年位は保つのですが、年々改築等で壊されていくのでせめて写真で、古さの中に美しく自然と調和した白壁の土蔵や鏝絵を子孫に残したいと二人で撮りながら見て歩きました。それを本に書いてくれたものを大石田の町長が見て小学校に鏝絵をということになったんです。

小野さんの研究で知らないこともでてきましたか。

ええ。市蔵が東京に行った時に、深川にあった商業高校の夜間部の左官彫刻科に通っていたようです。天童の成生という町のお寺で新たに作品を見つけたりもしました。

市蔵の鏝絵を復活させた最初の仕事が小学校の仕事ですね。

そうです。役場から依頼があり、白鳥の図案を自分で考え役場に提出しましたが、いろいろ相談し学校の図画の先生に図案を任せることになりました。ここ7年ばかり墨絵を習い、画の基礎から習いました。なんとかやってみたのがあれです。学校の仕事を終えて、まだ手が大丈夫だ、やれると思い、次の鏝絵にとりかかりました。かたくりにギフチョウという図案は私が考えました。

## 鏝絵の技を次世代に

伝統的な絵柄でなく今風の絵柄ですね。

最上川に帆掛け舟の図案などを役場に出しましたが、あまり気に入るようなものがなかったようです。ここから4キロメートル程行ったところにかたくりの花があってギフチョウとヒメギフチョウのいるところがあります。日本に岐阜県と北海道とここの三カ所しかないそうです。そこでかたくりの花と蝶の飛んでいる絵柄を描いて役場に送ったところ、それにしようということになりました。彫刻的にはそんなに難しくないんですが、色が大変でした。漆喰というのはうまく染まらないでしょう。漆喰にアク止めを何回もやって1カ月くらい乾かしてから染めます。

アク止めには何を使うんですか。

いまはいろいろありますが、昔は膠水《にかわ》を塗ったり、本当にいいものは漆を使ったそうです。伊豆の長八などは主に漆を使ったそうです。漆と色とを混ぜて塗るわけです。漆喰にそのまま色を塗っても、乾きによっても色が違うし、鏝の回数によってムラが出ます。湿った時に付けた色は乾いた時に1／3くらいしか留まらないから、乾いた時の色がなかなか分かりません。

花びらや蝶の羽根の浮き上がったところは錆止めした番線に網を張って漆喰に砂とセメ

尾花沢市・丹生の巣林寺の飛天像欄間。市蔵作、大正6年

後藤秀次郎さん制作の色付け前の鏝絵

秀次郎さん鏝絵第一作目の作品

ントを入れたもので下付けをして、最後に漆喰で仕上げました。なるべく薄くといっても2、3センチくらいにはなってしまいます。

ひびは入りませんか。

漆喰だから入らないんですよ。スサをたくさん入れていますから。できている漆喰にスサと糊を濃くしたものを足して、そうすると割れません。やはり割れる割れないは材料次第です。

現在お弟子さんはいないんですか。

いまはいませんが、十数人育てました。いまは皆50歳くらいになっています。うちのせがれも左官の仕事をしています。いまは鏝絵には興味がないようですが、そのうち欲が出ればと思っていますが、無理にはいいません。市蔵の息子も左官の仕事しています。山形県の左官の競技会で準優勝するなど仕事は上手なんですが。ただ、最近は鏝絵を楽しむ旦那がいませんから仕事の機会がありません。

これからやってみたい仕事はありますか。

鏝絵の仕事があればやってみたいですね。戸袋の仕事などやってみたいですね。

そして、4代目の私としては、直治、秀蔵、市蔵の残した仕事を守ることが、鏝絵の技を次の世代に繋げることになると思います。

# 内装全体をコーディネイトする建具職

建具職人　木全章二

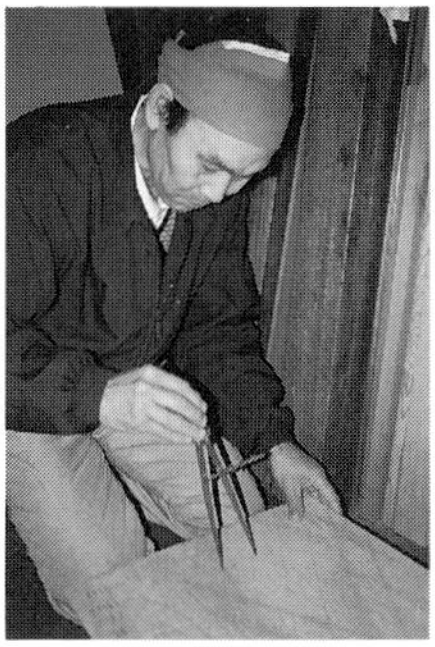

バネ付コンパスで下図を描く木全さん

木全章二／きまた・しょうじ
昭和16年生まれ
昭和31年　木全製作所へ修業に入る
昭和40年　武樋製作所で洋家具の修業
昭和41年　青梅建具店に務める
昭和48年　きまた　代表取締役となる
昭和50年　東京建具協同組合理事長表彰
昭和57年　東京都職業能力開発協会会長表彰
昭和60年　全国建具組合連合会会長表彰
平成4年　東京都優秀技能者表彰
平成6年　卓越技能者授賞
木製建具一級技能士
職業訓練指導員免許（木工科）
年間5～6回小・中・高校生に組子細工の実演など体験学習を行っている
『木の建築』38号（平成8年3月）掲載

## 数寄屋の建具を手掛ける

建具屋を志したのはどういうきっかけですか。

中学生の時に前の家が新築中で、面白くて毎日大工さんの仕事を見ていました。その大工さんが古い鉋《かんな》や鑿《のみ》をきちんと使えるようにしてくれたんです。それがきっかけで夏休みの課題に机と椅子を作り、できた物を見て親父が修業に行かせることを決め、昭和31年に赤坂の親戚の木全製作所に入りました。赤坂の花柳界が華やかな時代でしたから、ずっと数寄屋建築に携わってきました。10年くらいいまして、基礎的な技術を教えてもらいました。その後これからは家具の時代だということで、家具の修業に行き、洋家具全般を勉強しました。

赤坂にいた頃はどんな仕事が多かったのですか。

障子や板物が多かったですね。網代《あじろ》を使ったいわゆる贅沢といわれた建具です。ご不浄の戸やげた箱の戸に網代を入れたりしました。竹と網代と板は数寄屋には欠かせないものですから、そういうものを勉強しました。

杉が一番多く、桐なども使いました。桐は透かし彫りで腰に入れたり、欄間に使いました。中の文様は彫刻屋さんにデザインを指定してお願いする場合と、設計者からこうして

第一回技能グランプリ参加作品（1981年・杉と桧を使った子持菱を組み込んだ衝立）

149頁写真／薩摩杉を使い、魚籠を彫刻した風炉先屏風。白太と木目が川面の表情を描いている。杭に見たてた神代杉を埋め込んでいる

ほしいという場合とがあります。贅沢な建具になってくると、設計士の主観的なものがかなり入り込んできます。それに対応していくのが大変でした。一般住宅よりは赤坂、柳橋、浜町の料亭や数寄屋の仕事が80％以上でした。

何年くらいで一人前になるんですか。

何も知らずに入りましたから、5年経っても満足なものができませんでした。当時は時代が違いまして、掃除や薪割りなど余分な事をやっている方が多くて、手をとって教えてもらうことはありませんでした。職人さんが帰った後でそっと仕事を見たりしました。

最近は数寄屋にふさわしい、良い材料がなかなか手に入らなくなりました。昔みたいな味のある、この材料で作ってみたいなという材料がなくなり苦労しています。秋田杉を一番多く使います。その次が吉野です。

昔、杉の需要が多い時は製材する前に木場で何カ月も水に漬けてあって、その間にアクが水に溶けたので、製材する時にはサラッとした良い色に仕上がりました。最近は山から伐ったものを陸で運んで、そのまま売ってしまうので、その間のためがないのでアクの強い木が多いです。アクが強いと風合いが違いますね。我々が一番打撃を被っているのは、いわゆる短板業界が突き板にしているために、良い材料がそちらに流れていることです。

新しい材料を試したことはありますか。

試してはいますが、なかなか日本の材料に優るものはありません。それで少し気に入らないけど日本の材料に戻ってしまいます。

人工乾燥材は試みてはいないのですか。

針葉樹に関してはあまり良くないようです。使ってみたこともありますが、ささくれだ

ってしまって艶がありません。熱処理の一種でしょうから、油が抜けるんでしょうね。油の艶がほどほどないと味がでません。広葉樹では、チークを使ったりします。

いま、昭和記念公園の中に数寄屋建築の門楼を栗で作る計画があります。17、18年前に鎌倉の明月院のお堂の外周に栗で狐格子を作ったことがあります。一昨年見に行ったんですが、栗は和船に使われるくらいですから水に非常に強く、全然狂っていませんでした。

いままでの仕事で印象に残る仕事は何ですか。

靖国神社の中にある「便殿《びんでん》の間」という、天皇・皇后陛下が参拝の時にお休みになる部屋です。建設当時の図面を元に正確に復元したものでした。組子の見付けから勾配から全部指定されました。台湾桧を使っています。桧は油が多い割にはねばりがなくピーンと割れてしまいます。

日本の桧では作りませんか。尾州桧などありますが。

数寄屋と尾州は合わないですね。杉系統の方が多いです。杉丸太、杉皮、桧皮、竹類。桧は一般建築用の建築材と思っています。また、社寺建築などですね。杉の色合いが数寄屋の雰囲気に合うんではないでしょうか。欅の衝立も作ったことがありますが、だいたい板にして腰に入れるのが普通です。長物には向きません。

普通の障子の見付けはどのくらいですか。

8～9ミリ。2分5厘～3分までですね。組子になると2ミリくらいになることもあります。

普段の仕事はどんなものが多いのですか。

ビル建築、事務所、一般住宅のフラッシュドアが多いですね。障子などの建具の割合は

自宅入口の杉を使ったガラス戸

変わり香頭の制作中の仏壇の扉

7割くらいです。数寄屋大工のグループがありまして、呼ばれてあちこちの仕事をしますが、それについて行くというかたちをとっています。数寄屋の仕事は面白味がありますね。施主の好みも入ってきますから、一つひとつ違った手作りが楽しめるのが魅力です。障子、欄間、硝子戸、板戸などが主な仕事です。障子はメーカーが入りにくい部分らしいのです。簡単にできるようで難しかったり、一つの規格にとらわれませんから。そういう細かいことに対応できるのが、建具屋だということになっているようです。

## 現代感覚の建具を

これからは細分化された専門の中で細かいことばかり気にするのではなく、技能グランプリ審査員にも別の職種の人がいると発展性が出てくると思いますが。この衝立（I49頁写真）は木の味が生きていて、風合いがありますね。見る人の想像力をかきたてますね。昔からのものも大事にしなければいけないけれど、それと同時にいまの気分に合ったものが欲しいですね。そうですね。組子に頼らない板の味を生かした建具が欲しいと思っています。

私たちが修業に入って数寄屋をやっている時には、施主とマンツーマンで話ができたのでこういう芸当ができました。いまは、間にデベロッパーや設計士が入り、自分の意向を通したりする人が多いように思います。ですから、自分たちの考えを生かせない。図面通りに仕上げなければいけなくなっています。

衝立や屏風などは建物と離れていて、単品で直接お客さんとやり取りできますし、それがきっかけになってもっと建具全体を楽しむようになっていけばいいと思います。建具の世界も時代と共に変わっていかなければならないので、その時には使う人の気分や好みを建具屋さん自

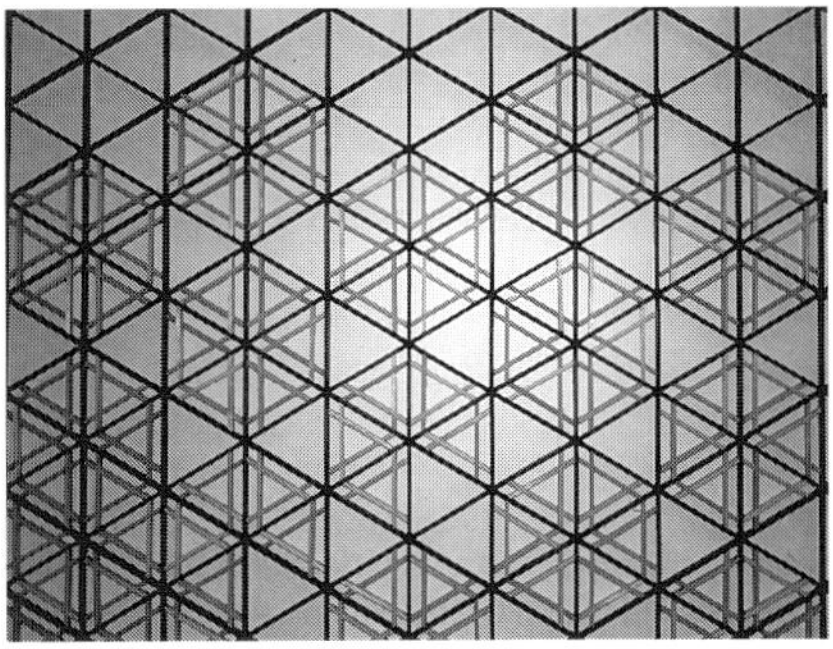
黒く塗った材と白木を使ったごま柄

重ねりんどう

身が直接感じなければいけないと思います。

どっちに向けたらいいか方向付けですね。昔のものにもいいものがありますし、どういう方向付けをするのか私たちの年代にかかってきていると思います。グランプリや技能大会をする人から、そろそろ課題を変えてくれないかという要望が出ているくらいです。

少しデザインを発展させないといけませんね。

建具にとらわれ過ぎると範囲が狭くなると思います。障子や組子だけでなく、持っている技能をうまく生かして新しいものを作りたいですね。縦長の框板に梅の花を2つ彫刻した衝立を置くだけでも部屋の趣が変わってきます。

去年、ヨーロッパからスペインを回ってきましたが、あちらの建具屋というのは建築の一部ということで独立していないんですね。技能オリンピックの審査に参加した人の話を聞きますと、家具や内装、何でもやると言います。日本もこれからはそういう風に幅広く考えないといけません。それにはそれなりの勉強をしておかないと対抗できませんから、もう少し勉強する必要があると思います。

私たちの関連業種、経師《きょうじ》屋さん、紙、硝子、塗装、金物など周りにたくさんいますから、そういう方々と話をして作り上げていくべきだと思います。細かいところまでやれるという利点があるんでしょう。そういう点では、中心的役割ができると思います。組合で他業種との交流をしたりしています。彼らにも喜んで協力していただけるし、そのうち紙の研究もして、ただ白い障子紙を貼るだけという認識を変え、組子に色を塗ることも考えています。素材だけの勝負では息が詰まってしまいます。

作業場の壁に並ぶ鉋

## 内装全体をコーディネイト

木造内装はシェアとして広がっていますから、トータルに木造部分のデザインや製作をコーディネイトできる人が必要ですね。

ちょっとしたアイデアを生かしながら全体をまとめるということですね。建築家や大工でなく建具屋が職域を広げて、他業種の人と勉強し合っていくことがこれからは多いに必要だと思います。

デザイン的な要素も入りますし、建具屋が棟梁的な存在で他業種の段取りも含めて内装や家具まで木造内装全体をまとめるということになれば、若い人にも魅力的な仕事になりますね。建具だけにこだわらないで幅を持たせていきたいと思います。大会社に取り込まれてしまうのではないかという危機感をみんな持っていますので、回りの人たちと研究し合っていこうと思います。

あとはそれを理解してくれる設計士やお客さんと結びつけばいいですね。一つできるとばっと広がると思います。

賞をいただいてからはいろいろなところから引き合いがあり、そういう意味では、自分の考え方を少しずつ出していけるかなという気がしています。

ごま柄の組子を制作中の木全章二さん

青山居（写真／重松写真工房）

# 床が決める畳の良し悪し

畳職人　中村　賢

今回は、中村さんの仕事仲間である相慶商店の相一朗さん、二橋正義さんに実際に床《とこ》、表《おもて》、縁《ふち》を見せていただきながら、お話をうかがいました。最近流行の縁なし畳は下拵《したごしら》えがきちんとしていないと、型くずれするようです。その下拵えができる職人さんも年々少なくなり、畳床、表、縁、い草の生産、いずれも職人の高齢化にともない、後継者不足が深刻のようです。

何歳の時から修業を始められたんですか。

**中村**　13歳の頃、富山から上京しまして浅草の畳屋で修業しました。昭和11年に青山にお店を構えました。当時は閑静な住宅街でしたから、いい方がお住まいになっていました。戦後は個人住宅の仕事が主でした。どういうわけか、若いのに立派な人に気にいられて、いろいろ仕事をさせていただきました。

## 床は平らに仕上げる

畳の良し悪しはどこで決まるんですか。

**中村**　床の下拵えです。これをいい加減にやったら、どうにもなりません。ところが、見えないんです。いまは、そこまで見てくれませんから、いやになります。格好が良ければいいんですから。

中村　賢／なかむら・けん
大正3年生まれ
13歳で修業を始める
昭和11年　独立
『木の建築』33号（平成6年10月）掲載

**二橋**　いかに平らにできているかが、床の良し悪しの決め手で、古くなってもでこぼこがでないのが良い床です。

下拵えの一番難しいのはどこですか。

**中村**　張り替えなんかに行って表を張りますと、1分小さくなるものもあれば、半分しか小さくならないものもあるんですよ。どのくらい減るのか考えて、目利きします。厚みの調節を下地の段階でします。畳の仕事はそういった意味では、細かい仕事なんです。1針、2針が問題になってくるんです。

縫い加減で調節するんですか。

**中村**　針の引っ張り方で調節します。縁を縫う時も縁の端を縫っていく人と、真ん中を縫う人とでは全然仕上がりが違います。1、2カ月は同じですが、だんだん差がでます。端を縫ってあれば、縫った所も、端の所も厚さが変わらないんです。

頼む方もそこの差が分からなくなっているんでしょうね。

**中村**　分からないですね。昔は建築が好きで好きで仕方のないという方がいて、大工、左官、畳屋それぞれ良い人だけを入れていました。毎日職人の顔を見ないと飯がまずいというくらい好きなんです。いまそういう人はいなくなりましたね。畳を張り替えると、それだけで「ああ、綺麗になった」と言ってくれます。ところが昔はそうじゃなくて、どこかにあらがないかと捜すんです。

**二橋**　料理屋に少し悪い畳を入れると、女将さんに「表が違うね」と言われたっていいますから。

備後表。無着色のため年々色が落ち着いたいい色になっていく上級品

## 時を経るにつれて味のでる手作りの畳

一番困ったことはどんなことですか。

**中村**　大きな仕事の時に、最後の畳はたいてい現場で寸法を計って入れるんですが、日にちがない時にはこちらで切っていきますから、寸法を決めるまで布団に入っても眠れません。寸法より1分なり1分半なり小さく作らないと入らないんです。不思議なもんですね。浦和の体育館に200畳くらいの畳を入れた時に、最後の畳を何分小さくするかは随分迷いました。結局5分減らして上手く入りました。

いまの機械で作った床は、入れてすぐはぴんとしてますけど、昔の手で作った床はだらしがないですよ。だけど、1年経ったら見違えますよ。藁が湿って、糸が締まってきますから、古くなるに従ってよくなってきます。機械の床は年々緩んでくるようです。

**二橋**　全然隙間もなくピシッと真っ平らに、いい畳が入った時は最高ですね。安物なら叩いたり、蹴飛ばしたりして入れるけどね。

**相**　良い物は、床の廻りに板を入れて型くずれしないようにしていますから、ちょっとでも寸法を間違えたらどうにもならないんです。

部屋がきちんと直角になっていない時はどうやって調節するんですか。

**中村**　寸法を採る時に、一畳当たり何分曲げていくか決めて調節します。いまはよくなっていますが、昔はいい加減で8畳で曲がりが3寸5分ある家もありました。その時は、普通は縁の付く方で調整するんですが、それでは曲がっているのが縁で見えますから格好がつかないんで、丈の方で調整しました。

畳床はもともとは畳屋さんが作っていたんですか。

備後の六配表

中村　震災を境にして機械が普及しましたが、それまでは畳屋が作っていました。1日にいいものでなければ6枚くらい作れます。だけど、朝2時か3時頃起きるんですよ。昔は藁を大事にしました。床を高くして、その下に藁くずを入れておいて床を作る時に使いました。1枚の床にリヤカー1台分の藁を使います。手で一針一針縫って、足で踏んで作るのは大変なことですから、みんな腰を痛めました。

## 減少する畳の需要と後継者

床屋さんは都内に何軒もあったんですか。

**二橋**　何軒もありましたが、いまは藁がなくなったので東京ではなく、宮城や千葉など藁の産地で作っていますが、それもやめてしまうところが多い。藁床は10年経ったら10分の1になるんじゃないですか。化学床になりますよ。

需要がないということですか。

**中村**　それと後継者がいないということですね。化学床の方が値段が安く、軽いということもありますね。畳屋さんも60代が一番多いですからね。

**相**　畳屋さんの後継者も重労働をいやがりますから、本当に良い畳が欲しいとなったら、これからの時代困りますよね。

**二橋**　下手な人に良い表を張らせると、糸を草に引っかけてしまいます。縦糸が綿だと皺があっても引っ張るのが楽なんです。1山に麻の縦糸4本入っているような良い物になると板みたいに厚くなるから引っ張れないんです。備後《びんご》の六配表《むはいおもて》の縦糸は大麻で、現在では縦糸も作れなくなっています。元の白いとこ

琉球表。三角形の断面のい草を半分に割いて手で織ったもの

ろと先の赤いところを除けていいところだけを使って真ん中で繋いでいます。芸術品ですよ。

縁でも綿とビニロンでは10倍くらい値段が違いますけど、作り方から手を掛けていますから艶が違います。本高宮は麻を割いて手で紡いでいます。畳屋も本物の価値が分からない時代になっています。

畳屋さんにとっては、藁床でない方が楽なんですか。

**中村**　ええ。軽いので運ぶのも楽だし、縫う時も楽ですよ。化学床が出てきたのは10年くらい前からで、藁でスタイロフォームを挟んだ床は20年くらい前からですね。普通の藁床が30kgで、スタイロ畳が20kg、化学床は10kgです。スタイロフォームはすぐ潰れて、でこぼこになってしまい、復原力もありません。

最近、琉球畳を使う設計者が多いようですが。

**中村**　座敷をどうしても縁なしにしたいのであれば、普通の畳でした方が格好がつきます。縁なしの場合は、表をかぶせる前に下拵えをきちんとしないといけません。床の縁に板を入れるとかござを入れて締めて、表を巻いたところが膨らんでこないようにします。縁なしの方がずっと手間が掛かります。

**二橋**　縁なしの半畳で敷くのが流行っていますが、半畳でも表は1畳分いるんです。琉球表でも1畳で作れば、切れ端が無駄にならないんですが。

**相**　縁なしの仕事がきちんとできていないから、入れて貰った家は後で縁がくずれて困るんじゃないかな。

**二橋**　見様見真似でやっているけど、縁なしの仕事はごく稀にしかないから、教わるチャンスもないんです。戦前は反物を包丁で切って作っていましたから、畳の表よりも縁の方が3倍くらい高く、縁なしが普通でした。

縁なしの畳はもともとは、どういうところで使ったんですか。

**中村**　日本橋、京橋、浅草、蔵前など問屋街のお店で使いました。畳の上で荷造りをしたり作業場として使いますから、丈夫でなければいけませんから。

呉服屋さんは琉球でなければだめなんです。なぜかというと、琉球は古くなると表が堅くなり、反物の滑りがいいんです。一時、浜松町あたりでビニールの畳を入れましたが、反物が全然動かず、半年も経たないうちに全部張り替えました。琉球は丈夫で普通の表の倍くらいもちますが、普通の住宅ではあまり使われていませんでした。

## 表を支える藁床

床が藁床でなくなると問題はありますか。

**中村**　良い表は張れなくなります。良い表は厚くてそれをピンと張るには、床を反らせて張りますから。化学床だと反らせると折れてしまいますし、角がぼろぼろになってしまいます。化学床には薄い表しか張れませんから、良い畳ができなくなります。

**二橋**　畳も変わっていきますから、昔のことを守っていこうとしても、時代遅れになってしまいます。畳自体が、商売になるかならないかのところまできています。新しい建築は畳を入れないでしょう。20、30年前のマンションが残っているからまだ仕事がありますが、古いマンションを建て替えたら、ますます仕事がなくなってしまいます。それでも、畳の良さを分かってくれる人に会うとうれしいですね。採算を考えずに仕事をしてしまいます。

# 時間もお金も関係ない仕事　それが職人の仕事

錺職《かざりしょく》　土屋晴弘

土屋晴弘／つちや・はるひろ
昭和9年生まれ
16歳で父に弟子入り
昭和34年　土屋金属工芸株式会社設立
『木の建築』30号（平成6年1月）掲載

錺職として何代目にあたるのですか。

火災にあって文書を失ってしまって昔のことははっきりしないのですが、江戸末に錺職として高山から出て来たと伝えられています。戦前に親父が宮内庁に属していたもんですから、仕事場には注連縄《しめなわ》を張って、白装束で朝は冷水を浴びてから仕事をさせられたり、親父の代まではそんなことをしていました。戦後もその名残として注連縄を張ったり、私は白足袋を履いて仕事をしています。

伊勢神宮の仕事も代々やらせていただいていますが、今回の遷宮でも御神宝の中の楯《たて》と鉾《ほこ》を担当させていただいています。伊勢の仕事では、取りあえず今年入った人間も主要な仕事はできませんが、彫刻した物のはじをちょっと削るとか、必ず全員に手を入れさせています。今回は私が主で造りましたが、次はせがれが造ることになると思います。うちに代々伝えられている技法はせがれに伝えていますから。あとは北海道の網走から九州まで全国の神社の錺金物をやらせていただいています。戦後はお寺さんの仕事もやらせていただいています。8割くらいは建築物の金物です。一般の民家や建築数寄屋などの仕事はやっておりません。あとの2割は神社の御神宝などお社の内部に飾るものです。その他に都内の主なホテルの結婚式場の仕事もやらせていただいています。

興陽寺御本堂（162～166頁写真提供／土屋晴弘）

職人さんは18人おられるということですが、年齢はどのくらいなんですか。

若い者がいないから指導してくれといわれますが、たくさんは面倒見れませんので毎年一人ずつ面倒を見ています。おかげさまで若い者も何人かおります。一番古い人は45年勤めています。平均年齢にしたら40歳を超えているんではないでしょうか。60代が1人、50代が7人で一番多いです。

毎年入ってくるのはたいがい高卒で寮に住み込みです。私どもでは伊勢神宮の仕事を基本としてまして、それが20年に一度ですから、我々の仕事も20年たたないと一人前ではないよと言っています。昭和34年に株式会社にしまして、それから社員ということで給料制にしました。そこが辛いところで、何もできなくても給料、ボーナスを払い、職人じゃなく社員にしないと来てくれませんので。給料分稼ぐのにまず5年はかかるんじゃないでしょうか。その期間は投資ですね。ですから5人も10人も面倒見れません。

## まずは座る修業から

最初はどんな仕事をさせるんですか。

まず、自分のそばにおいて見させるだけですね。1年2年はほんとの助手です。一日中座ってるだけでも一仕事なんですよ。座る修業から始めないと仕事どころじゃないです。叩き伸ばす仕事をするまでに4、5年かかります。先輩の叩いたものを硫酸に漬けて洗ったりすることから始めて、5年くらいたった人間にはまずとんかちを持たせて、手ほどきし、ここをやらせてもなんとか納まるなという所を見つけてやらせます。それまで辛抱できる人は半分くらいですね。あとの半分は転職してしまいます。とにかく根気です。

明治神宮神楽殿

汚い話ですが、一日中板の間に座ってする仕事ですから痔が出てくると、お前もやっと一人前だと言うんです。光物ばかり見てますから目を一番先に痛めます。金物と金物を叩きますから、その音で一日中耳なりがするようになります。毎日銅の粉を吸い込みますから、汗をかくと下着が緑青《ろくしょう》で青くなります。

ですが後に残る商売ですから、年をとって何もできなくなったら自分のやった作品を北海道から九州まで見て歩こうという夢もあります。

耳栓をしてできないんですか。

叩いた時の音の感覚というのが非常に必要なんですよ。微妙なんですよ。18人仕事をしてましても、誰のとんかちの音かというのが、隣の部屋にいても分かります。リズムが乱れていてはいい仕事はできません。叩いたり伸ばしたりする時は音が頼りです。

## お金と時間に追われる現代

技術的には昔と比べると現在はどうですか。

まずお金ということが出てくることが進歩の過程を一番止めています。工期、お金、昔と違って非常に厳しすぎるから、もう一つ叩けば良くなるのにと思っても、発注側が「いいよ。いいよ。時間がないから」と言って持って行っちゃう。後悔を持って納める仕事が多々あります。本当は親方が我慢して弟子にさせなければいけないんでしょうが、残念ながら時間に追われてそれができません。

いま、月に一度千葉刑務所に技術指導に行くんですが、非常にうらやましいことは、お金も日限も関係ないということです。これからの名工というのは、我々が教える職人より

破風の錺金物（寒川神社・秩父）

高欄手摺の錺金物（寒川神社）

も受刑者の方から出るんじゃないかなという錯覚を起こします。お金の計算をするわけではないし、日限があって納めるわけではないので、教え込むと朝から晩まで一生懸命にやっています。俺んちもこれじゃなきゃいかんなと思うんですが、商売と日限とお金といろいろ絡んでくるとうちの会社ではできないんですよ。世の中がそういうもんだから、なんか改正しないことには。

職人養成の学校を造ったりしていますが、そんなことよりもいま技能をもってやっている方に何らかの補助制度を作って、いい仕事の環境をつくることの方が大事なのかもしれませんね。若い者を育てろと言われますが、その保障がないんです。国から給料分の補助金だけでも出してもらえれば、昔のような技術で文化財の仕事ができるように育てることができるんですが。何の保障もなくては何人も若い者を育てることはできません。個人では限界があります。お金になればいいや、納めちゃえばおしまいだ、というのではなく何百年残る物ですから、もう一度昔を思い返して考えなければいけないという時世だと思うんですよ。うちの親父の時代まではそんなことはなかったんですよ。30年ぐらい前ですね。年々ひどくなりますね、また残念ながら価値の分かる人が少なくなったことも確かですね。納めるゼネコンの方も分からないだろうといって納める。お客が見ても文句を言わない。だから職人もまあいいんだろうと。だろうだろう、いいだろうで、最後にはどうなるだろうかという時世です。もう一回原点に戻れよ、というのがいま一番必要じゃないかと思います。

デザインには雛型があると思いますが、時代的に変化はありますか。

残念ながら、昔の人は素晴らしいと思うんですが、古くていい物を見つけるのが主で、何十年も新しいデザインはできていません。また考えて新しいデザインの金物を付けたら

作業風景（台東区・浅草）

各職人手作りの鏨《たがね》

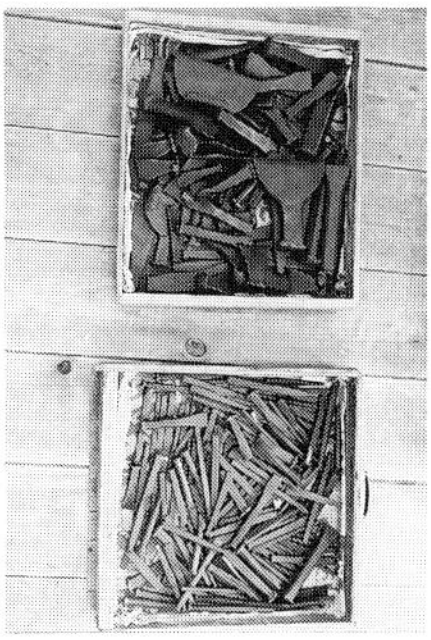

どうかと思うんですが、誰も喜ばないんですよ。それよりも古い国宝の柄を少しもじって自分なりに描いた方がお寺らしく、神社らしくなるんですよ。ですから私たちは真似してるだけになっちゃうんですよね。自分の作品というのは元をただせばないんです。如何に昔の人がえらいかな、現代の者がだらしないかな、どうしてそれ以上の物が描けないかと思います。

　基本的には絵柄は全部私が決めます。親方の仕事です。息子にも教えているところですが、まだ描くところまではいきません。それができないと指導者の立場にはなれません。職人の中にも私の絵を写して、絵柄を描ける者が5、6人います。そうなれば独立してもやっていけます。

## 納得のいく仕事を

　昔の仕事は時間をかけています。時間をかければ、現在でもできると思うんですが、それを手抜きですね。納めてしまいます。それを許していただけない現状です。時間さえかければいまなら昔の技術を取り戻せます。お金じゃない、食べるものもいらない、この仕事にかけるぞという度胸を据えて転換していけばできるだろうと思いますが。何もかも捨てなければできませんから。息子が会社を継いだ後は、給料はいらないから死ぬまで錺職として原点に戻って納得のいく仕事をさせてほしいと思っています。

　その時にいい仕事があれば集大成になりますね。

　幸い神奈川の寒川神社を復原する仕事を頼まれているんですが、それにひとつ命を懸けてみるかな、いままで自分のやってきたことの知恵を絞って、錺金物というのはこういう

錺金物の取り付け

もんじゃなかろうかという自分なりの考えでやらせていただかこうかと、いま現在そんな気持ちを持っています。刑務所で教えていてつくづくそう思いました。

邪心を持たずそれに集中して時間もお金も関係ないというのでなくては、いい仕事はできないということだと思います。受刑者の方はけっこう年輩だと思うんですが、それでも技術を覚えられてある程度やれるわけですか。

そうなんですね。刑務所も独立採算制になっていまして、看守さんがそれぞれの受刑者の向き不向きによっていろいろな仕事をさせて、年に何回か競売にかけて収益を得るわけです。それで私はお神輿を造らせたんですが、今年の6月に全国大会というのがありまして、3年かけて1台完成したお神輿が最優秀賞をいただきました。それを見学に来た方から5台注文を受けてしまい、所長さんからどうしますかと言われましたが、3年かけて1台しか造ってないのに、お客さんが5年、10年待ってくれるかどうか。来年のお祭までになんとかしてくださいというのでは、商売になってしまいますから。無理ですねといっているんですが。

これからはもっと建築をゆっくり造って、いいものを長く使うという時代がきて、現代建築の中に錺金物が欲しいんだという注文がきたらどうされますか。

残念ながら昭和、平成の建物でこれは素晴らしいという建物はないんではないかと思います。使い捨てっていうのか、その場がよければいいというのか、世の中の風潮がそうなってしまって非常に残念に思いますが、私どもの技能で価値が出るような仕事であれば、新しい分野にもぜひ挑戦してみたいです。

鏨を叩き嘗切彫《なめきりぼり》をする土屋晴弘さん

滋賀県野洲郡中主町・迎邸（淡路いぶし瓦使用）

徳枡敏成／とくます・としなり
昭和12年生まれ
昭和28年　武生中学校卒業
　　瓦葺き見習いとして下田清に師事
昭和33年　徳枡瓦店　瓦葺き師
昭和41年　徳枡瓦店店主として現在にいたる
昭和51年　労働大臣表彰卓越技能士受賞
平成元年　京都府知事賞技能検定功労賞受賞
平成3年　京都府知事賞職業訓練功労賞受賞
『木の建築』27号（平成5年3月）掲載

# 名人を生む瓦学校を目指して

甍技塾《いらかぎじゅく》　塾長　徳枡敏成

甍技塾創設のきっかけをなどを教えてください。

最近の工期と予算に追われた工事で、まして造る住宅でなくて売る住宅の多い中で、職人さんや経営者の考え方の水準を昔の水準と比べると下の方に置いているので、これでは正直職人は育たないですよ。いいものを見せてやるということもないし、いいものに携わるということも減ってきていますから。

私は屋根というものは、ファッション性、実用性、あえて言うなら芸術性と三つに大別しています。通常、いまの経済状況のなかで行われているのは雨を漏らさない、風に飛ばされないという実用性だけのもので、味の世界までいくという仕事はなかなかさせてもらえません。ここの現場で勉強させてもらって、次の現場でお返しするわけですよ。またそこで勉強させてもらって、次の現場でお返しをするという。そんなかたちで職人が育ってきているのに、工期と予算に追われて勉強などしていられなくて、ただお金を貰える仕事をするのが精一杯ですよ。一回一回で終わりです。これをなんとかしないことには、木造でいい建物を貰って、それを葺く人がだんだん減ってきています。我々の先人には素晴らしい人がたくさんおられましたので、その人たちが「私はこういう考えで葺きました」というメッセージを送ってくれているんですが、なかなか受け取り手にそれが聞こえないの

甍技塾の塾生

ですよ。野地が良くて、予算があって、上手に葺けて当たり前だとそんな感じですから。

## 新しい徒弟制度

私も特別な修業をしたわけではないんですが、技能をお金に変えて生きていく人間としては、なんとかしたいと考えていました。初めて昭和41年に栃木の瓦店さんの息子さんを預かりまして、どのような教育が必要かを経験しました。それまでは、従業員としての弟子でしたから。その後、昭和51年に京都の瓦施工を勉強に来る人たちの宿泊所を建てたのですが、民宿と勘違いされ近所から苦情がでました。

それで自分の所の従業員として泊めることにしたところ、タイミング良く高校生を教えてくれないかと3人の親御さんに頼まれたのが、甍技塾の始まりなのです。住み込みの徒弟制度ですが、私の経験した徒弟制度のじめじめしたところはできるだけ無くした、新しい徒弟制度はどうしたらよいかを考えました。若者を寝泊まりさせることは女房の協力が無いことにはできませんし、こどもたちから母親を取り上げた結果になり、家族の犠牲のうえで続けてきたことになるんですよ。

昭和54年、京都府瓦工事協同組合に認定訓練校を創設、養成訓練2年間、その後1年間2級技能士の資格を取る集合訓練と平行し、甍技塾では応用実技の教育を進めてきました。基本的には2年間が基礎訓練で、やる気を起こさせられれば成功です。力がつくのは3年目のお盆が過ぎてからで、目に見えて力が付いてきたことがわかるようになるのです。その時は嬉しいですよ。経営者の跡取りですと、浅く広くでいいわけで、2年間でもよいのですが、職人になるなら狭くてもいいから奥深くということで、いまは最低4年間は勉強

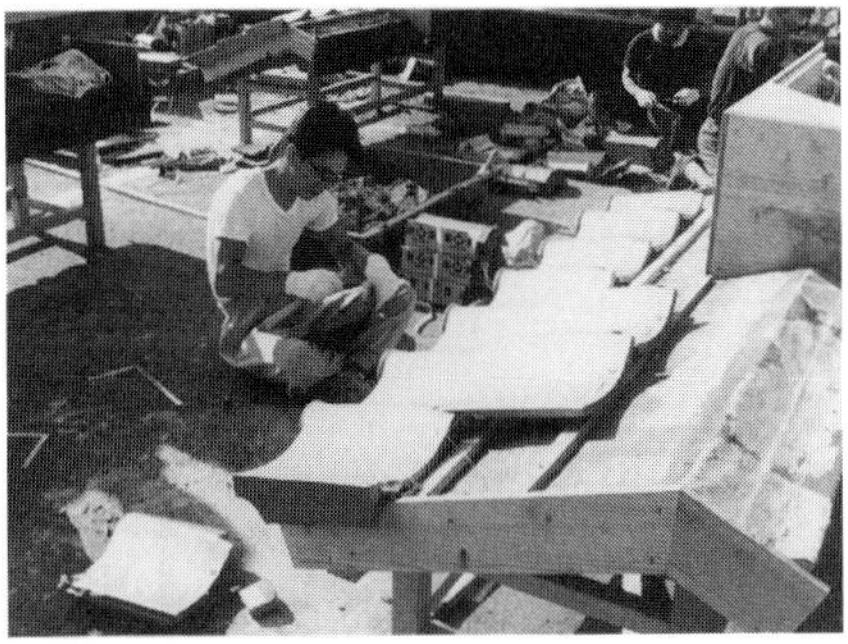
淡路島での実習風景

するように言っています。私は技より先に心だと思っていますから、3年間が心をつくる期間、後の1年でいままで見聞きしてきたことを表現する力を養うようにしています。
現在まで66名の塾生のうち、家業の跡取りが8割、後は企業が雇い入れた高校生ですよ。若者たちの生活環境を変えてやることにより、自分が何を求めているか探すわけですよ。企業から預かった若者で、葺き師としての落伍者は一人だけおりましたが、これも自分の目的である設計関係に進みたいということでした。今年は転職者も含めて8人の塾生が来ますので、設備の充実を迫られているのです。

職人の待遇についてのお考えを聞かせください。

私がいまやっているのが、労務費の部位別計算。ようするに、我々職人が自分一人の力はどのくらいかを知ろうやないかということで、瓦施工作業の項目毎に平米指数を計算しました。いろんな形状の瓦毎に人工指数を計算しますと、340種類にもなりました。
高卒後4年目に年収360万円から始まって、月1万2、3千円の昇給を見て、55歳までの給与体系を作りました。今年の1月から実行しているのですが、いまの請負金額では危ないのです。ですから、見積金額を労務費主体に考えて上げて書いています。それが通らないような時代になったら、この店をしまって、また職人に戻って仲間内の仕事を教材として貰って、その中でいけるようにしようと思っているんですよ。私どもでは、4年間修業した者は月給30万円をまず保障することを実行しています。ところが、55歳になったらどうするかという問題があります。体力が衰えて仕事量が落ちてくるんですよ。それを防ぐのになんとか技術料でカバーできないかと、後継者の指導料も含めて、給料が下がるのを防げないかと思っています。この給与体系を発表すると一番困るのが55歳以上の職人

作業中の塾生（168～174頁写真提供／甍技塾）

を使っている人たちなんです。だから公にもできない、といって放っておくといつまでも改善されない。どこかで嫌われ者になってやろうかと、これも甍技塾の仕事の一つだと思っています。

徳桝さんが瓦葺き師になられたきっかけは。

三代目なんです。京都で祖父が葺き師をしていまして、父が祖父の所に修業に来ていました。私が中学を卒業した時には、祖父は高齢でしたので、祖父の弟子の下田氏に師事しました。京都では社寺と町家の葺き師に分かれています。私はもともと町家専門だったんですが、35歳の時岐阜の川島先生（葺き師の第一人者）から「京都はいい先生がたくさんいたのに技術が落ちているじゃないか」とお叱りを受けまして、お寺の屋根を勉強しようと思いましたら、京都の職人さんに「10年せんことには、お寺さんの屋根なんか葺けるか」と言われました。同じ葺き師でなんでこれから10年も勉強しなければならないのかと思い、先輩たちの葺かれた屋根の写真を撮ってきまして、初心者でも葺ける方法がないものかと探しました。それを探し始めた時に、有難いことに広島の本願寺系のお寺さんから年間2～3件ずつ頼まれるようになりました。お寺さんには申し訳ないんですが、勉強材料にさせていただきました。心が先で技術が後というのは有難いもんで、感謝しますという心でやっていますと、次から次にやらせていただけるんです。ここで社寺建築の技術を学びましたが、味の世界まではなかなかです。これが先輩の言った10年しないと葺けないということでしょうか。

昭和57年西本願寺さんの本堂（文化財）を京都府瓦工事協同組合で葺かしていただくことになりました。10年間勉強してきた方法で、殆ど初心者ばかりで葺かせてもらいました。

瓦葺き作業中の屋根

こういう経験が甍技塾の社寺部の基本になっています。息子は主として町家をやっていますので、塾生は両方を学びます。最初の1年間の雨降りの日に、瓦の合端《あいば》（瓦を合わせる作業）をマスターします。次に使う瓦の納まりまで考え合わせることを合端といい、表面だけ合わせるのは、切り合わせとか摺り合わせと言われています。お寺さんの現場での1年目には、南蛮漆喰塗りだとかの下仕事を、2年目には緊結方法、通りの修正方法などを、3年目には先輩葺き師と後輩の段取り、後輩の指導などをすることにより力をつけてきます。4年目には完全ではありませんが、社寺も町家もできるようになっています。

社寺は反《そ》り屋根、町家は起《むく》り屋根という違いですから、どの線が美しく見えるのか、どの曲線が勢いよく見えるのかという美に対する感性を養うように教えれば、葺けるようになるのです。昔に比べるといまは、瓦のねじれが少なくなって非常に行儀がよくなっていますから、5年の経験者が葺いても、10年の経験者が葺いても同じに見えることがあります。30年もやっている者は堪らないんですよね。どこかで違うことをしないと技術料が貰えませんから味の世界へ入っていかなければなりません。屋根を見てもらった時に訴えてくる美しさといいますか、気持ちの良さを訴えていこうとしています。名人のいいものを若い者に見せても初めのうちはわかりませんでしょう。私も名人芸は教えられませんが、こういう見方をすればあの線に近づくんじゃないかと方法論は示してやれますので、5年先、10年先に名人になるような塾生が出てきてくれればいいなと思ってやっています。

瓦は基本的にはどんなにきちっと積んでも裏側に水が入るものなんですか。

多少は。一般的には下地で水を防ぐとされていますが、私どもでは下地で水を取るという考え方はしていません。養生のために工事中はルーフィングを張っておきますが、瓦を

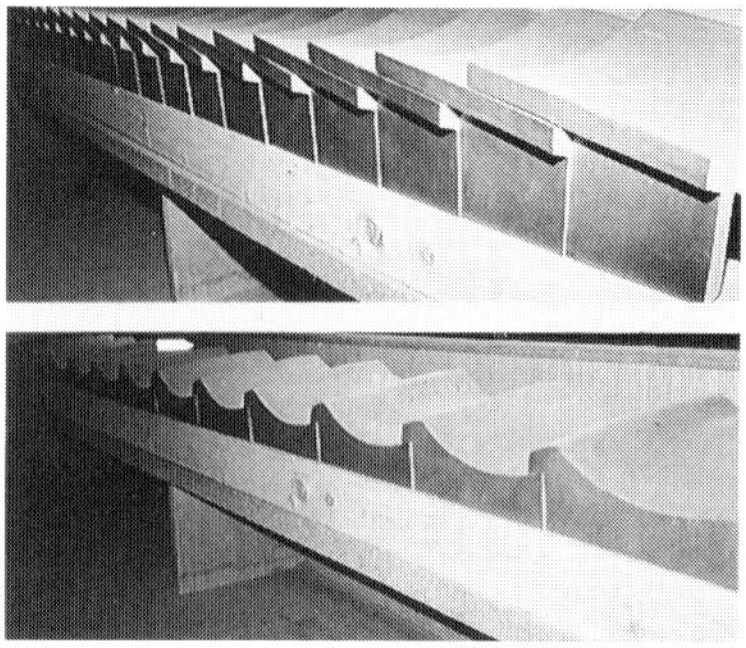

上／中付刻釉瓦の合端　下／一文字軒瓦の合端

葺く時に通気性を良くするために破ってしまいます。暴風雨など特別の場合を除き、瓦だけで防水はできるものだと思っています。

## 淡路瓦学校

いま一番必要なことは30~40歳代の職人さんの勉強の場を作ることです。また、いまの設備では不十分ですから塾生たちの環境整備もしなければなりませんし、それが淡路構想です。淡路に勉強会に行ったおりに町長さんと話をしている時に学校を作る土地を探しているんですよと言ったところ、ぜひ淡路に来てくれということでしたが、担当の方々は夢物語だと思っていたようです。土地を購入し、仮事務所を建てるにしたがって、本気だと言うことがわかってもらえたようです。いまは窯元の人が多いんですが、瓦を葺く事を知って、瓦を作ってほしいということで2年間やってきたわけです。

地場産業の振興ということで、西淡町には資金一切を、兵庫県粘土瓦協同組合連合には教材の提供をいただきました。平成5年度は兵庫県には認定訓練短期講習として認めていただき、2級技能士コースをスタートさせ、瓦葺き師養成に本腰を入れることになったんですよ。なんとか施設を建設し、年1回5日間の甍技塾研修会を、2カ月に1回の年間カリキュラムを組み研修会を開きたいものです。私の教えているものは、入門書的な考え方ですから、名人上手の先生方を講師としてお招きし、名人技の習得のお手伝いをさせていただきたいと思っているんです。これが私の最後の夢なんです。場所さえ作っておけば、後は若者たちが活用してくれるものと信じているのですから、もう一汗流してみようと思っているんですよ。

熊谷貞好／くまがい・さだよし
昭和9年　宮城県生まれ
熊谷産業（茅葺き屋根保存修理）代表取締役

熊谷秋雄／くまがい・あきお
昭和39年　宮城県生まれ
昭和60年　酪農学園大学卒業
昭和61年　学校法人アジア学院勤務
昭和62年〜平成元年　青年海外協力隊員としてフィリピンに派遣
平成2年より家業に就く
『木の建築』32号（平成6年7月）掲載

# 産地化する茅葺き工事

茅葺き屋根保存修理　熊谷貞好・熊谷秋雄

今回は宮城県の北上の河口でヨシの供給から屋根葺きまでを一式で請け負う熊谷貞好さんと茅葺きの技術を習得中の息子さんの熊谷秋雄さんにお話しをうかがいました。

## ヨシの販売から屋根葺きまで

屋根工事一式を請け負うようになったのはいつ頃からですか。

本格的に始めたのは5年くらい前からです。もともとはこの地方の屋根葺きの職人さんにヨシの販売をしていたんですが、屋根も少なくなり、職人さんも減ってきてその一方で文化財の仕事が多くなってきました。文化財関係の建物は手続きの書類が面倒で職人さんには手におえなくてうちで手伝っていたんですが、職人さんの方から屋根葺きもやったらどうかと言われ、それじゃうちで一切やるかということになって屋根葺きも始めました。

家業は農業で農閑期に副業としてヨシを刈っていました。この地方では昔からヨシを刈っていたらしいですが、うちは父親の代から始めました。「しらだ」という舟を3、4艘つないでヨシを積んで運んでいました。

この辺は北上川の河口に近くいわゆる汽水域で、しじみが有名です。ヨシは水の浄化にいいといわれますが、そのせいか水が綺麗でシラウオ、マス、スズキなどいろいろな魚が

ヨシ原。ヨシの運搬用の水路が見える

「しらだ」を使ったヨシの刈り取り作業

いて川魚の漁もさかんです。

　汽水であることとヨシの質は関係があるんですか。

地方によってヨシの呼び方は違いますが、ここで採れるヨシは浜ヨシと呼ばれたり、硬くて丈夫だからカネヨシと呼ぶところもあります。上流の方で採れるヨシは「どんぼがや」（くずがやの意）と呼んでいます。そのため上流の方からも買い求めに来るようです。職人さんが言うには、昔の農家の経済状態は屋根に上がっただけですぐ分かったそうです。材料で、一番良くないのは藁、小麦藁で、その次は山茅（ススキ）、その上がヨシでした。当時買い付けには登れるところまで舟で、その後は馬で来たそうです。

　ヨシ原の権利関係はどうなっていますか。

建設省が管理していて縁故払い下げがあり、部落で共同で刈って収入としていました。現在はこのような季節的な仕事をする若い人がいないので、入札というかたちを採っています。建設省は原則としてはヨシを商売とするのは好ましくないと言っていますが、ここでは契約講という互助組織があり、ヨシ原を利用してきました。部落単位で会議があって茅場の範囲も決め、一部を家畜の飼料とし、昔は草家も多かったのでみんなで利用し、余ったヨシを販売したお金で契約講を維持し、さらに余ったお金はみんなで分けたようです。20年くらい前まではそうしていました。その後は部落で使う分を取って後は入札にして専門の業者に払い下げるようになったようです。

　ヨシで葺くと何年くらいもちますか。

条件により違いますから、一概には言えません。去年、私が修理を頼まれて行った民家は70年たって初めて葺替えしました。見た目には傷んでいるようでしたが、雨漏りもして

刈り集められたヨシ

ヨシの選別作業

いませんでした。この辺の屋根葺きさんは40~50年はもつといっています。私は屋根葺きはしませんが、理屈は分かっていて修復を頼まれた時に目安がないと、ヨシの見積りができませんから、方々の屋根葺きさんから聞いて技術的なこともだいたいのことは分かります。

ヨシの用途に変遷はありますか。

元々は屋根だけでした。それから土壁の下地。30年くらい前から家がどんどん建ち、土壁の下地が多くなりました。その後よしずを作るようになりました。北陸、京都、滋賀などと、30年くらい前から取引があり、輸入物に押され量は少ないですが、現在でも取引はあります。よしずの材料は中国からの輸入物が多くなり一時減りましたが、最近では国産が見直され、高くても国産を望む人が増えてきました。中国産は変色しやすく、耐久性に劣るようです。

刈り束は、昔は三尺丸といったんですが、いまはずっと小さく二尺二、三寸になりました。といっても、昔は葉っぱもゴミも一緒に入っていましたが、いまはきれいに選別してヨシの芯だけにしています。1日に刈れる量は個人差がありますが、平均すると50束くらいでしょうか。太く、長い物はよしずと壁材にします。量は屋根材と半々くらいでしょうか。最近は県外まで行くようになったので、むしろ屋根が多くなっているかもしれません。

毎年だいたいどのくらいの量を刈るんですか。

今年の場合ですと全く新しく葺くのは6棟分くらいで、古いヨシも利用する下げ葺きが10棟分くらい。後は壁下地。よしずは量的には少ないです。

刈り取りはいつ頃行うんですか。

大雄寺総門（栃木県文化財指定）葺替え

葉が全部落ちてヨシが硬くなった11月から3月の間です。鎌で刈っても刈り払い機で刈っても能率的には変わりないようです。ただヨシが硬くなってくると刃が立たないので鎌では大変です。うちでは20人くらいの近在の農家の方が副業としてやっています。ここは潮が引いた時にしか作業できませんからきついですね。干潮時と満潮時では1メートルくらい水位が変わります。満潮時にはほとんどが水をかぶります。

刈り残した所は前年のヨシが残っているといいヨシが出ないし、だんだん廃れてしまいますからヨシ場は毎年全部刈ります。また、水のないところは毎年火入れします。

## 屋根屋を継ぐ

秋雄さんは29歳で日本で一番若い屋根屋さんじゃないですか。

いや、僕より若い人が京都の美山町にいます。去年弟子に入ったそうです。うちでお付き合いしている職人は宮城県北にいる15人くらいですね。この町内には屋根屋さんはいなくなりました。60歳前後の人がほとんどです。

秋雄さんがこの仕事に就かれるようになったきっかけはなんですか。

元々古い建物が好きだったんです。屋根に登って梁なんかを見ると面白いんですね。海外青年協力隊でフィリピンの北部ルソンのボントックに行き、茅葺き屋根がたくさんあってすごく面白いものだと思いました。ボントックでは畜産の仕事をしていました。現在も宮城県の国際協力協会に入っていて、何か適性技術を身につけて海外に戻りたいという考えがあって、茅葺きを覚えれば東南アジアで使えるんじゃないかと思ったんです。

もう一つが民家を訪ねてお年寄りに昔はこうだったという話を聞くと、昔の日本の農業

葺替え後外観

などの技術がいますぐ向こうで役立つと思ったんです。川島宙次さんの本を読んで茅葺きの世界に惹かれ、茅葺きを習い始めました。いまはまだ下回り手元など勉強中です。大きな屋根の時は元請けとしての段取りなどの仕事が中心になってしまいます。民家の時は段取りが楽なので、その分葺き方を覚えるチャンスなんです。

材料供給兼請負の監督をやりながら、技術を身につけているんですね。

それと後継者が出ないとこのままではなくなってしまうから、何とかしなければということですね。後継者を創るにはどうしなければいけないのかというのが日本中の屋根葺きさんが抱えている課題です。主力の人が60後半から70歳です。材料があるというのがここの強みですから、恵まれた条件をどう生かしていくか考えて、体制を作っていかないとやっていけないんです。仕事の将来性や安定性があればやる人もいると思いますから。

文化財の仕事が多いんですか。

県内では民家が多いですね。古川周辺はまだまだ多いですよ。職人さんと材料があるうちは茅葺きを残すという人が多いですね。文化財の仕事では四国、福井、栃木など各地を回ります。

## 豊富な北上川のヨシ

宮城県でこんなにヨシが採れるのを知らない人が多いんじゃないですか。

産業として手広くやっているとは思いませんでした。富士山麓の忍野村の茅は文化財でもよく使うし、岐阜の白川郷でも近くに茅場を確保していて集めていますが、足りない時は富士山麓の御殿場から持ってきます。霞ヶ浦にもありますが年にして数棟分で、量は少ないですね。

熊谷さんの葺いたヨシ葺きの屋根（宮城県・北上町）

関東の文化財を葺くのにやっとです。

ここの北上川河口は土壁に回さないで全部屋根材にすれば30棟分以上あります。ヨシは一番長持ちしますから。山茅は中がスポンジ状になっていて水を含み腐りやすいようです。ヨシは空洞ですから、水切れが良いようです。

屋根の仕事のどういうことが面白いですか。

古い物が好きですから、屋根も面白いですけど古建築も面白いですし、古文書やお年寄りからいろいろな話を聞いたりするのも面白いです。杉戸や臼など気に入った物があると貰ってきたりするんですよ。このあいだは壊される古民家一棟分の材料を貰ってきました。

新しいものを作るばかりでなくて、古いものを大切にして伝えていくという仕事が大事ですね。

現代建築と違って２００年、３００年である程度集大成されたものが、戦後の技術革新でことごとくやられました。風土にあった確立しつつあったものを捨ててしまったんです。

秋雄さんの将来の夢はなんですか。

岩手県の正法寺と山形県の羽黒山、熊野大社、祇園寺などまだまだ雄大な茅葺き屋根が残っています。そういう屋根を葺きたいですね。

それから本来茅葺きだった民家で金属板をかぶせてあるものを取って茅葺きに戻したいですね。日本の農村の原風景ですから。植物性の屋根にすごく興味があるんです。建物が優しいですね。環境を考えれば理にかなっていると思います。

ヨシの刈り取り作業

京都府大宮町に残る笹葺きの民家

# さわさわと揺れて凌ぐ笹の屋根

屋根葺き師　加藤堅一

加藤堅一／かとう・けんいち
昭和3年　兵庫県に生まれる
18歳から叔父のもとで屋根葺きを始める
『木の建築』51号（平成13年3月）掲載

## 屋根材の変遷

茅葺きは全国にありますが、笹葺きは非常に珍しく、いまでは丹波・丹後にしかないということで、材料や葺き方についてお聞きしたいのですが。

この辺も10年前までは笹葺きばかりでした。徐々に茅に変わってきました。昔は無尽茅《むじんがや》といって、笹葺き屋根の人が集まって葺きました。葺き替えにはたくさんの笹が必要ですから、一人では集められません。茅の無尽は30年くらい前までありました。新しく葺く笹は長さが1メートル50センチくらいあります。最低でも1メートルは必要です。差し茅の長さは2尺くらいです。あまり長いと差せませんから元を切って使います。山に生えている時には熊笹は背丈くらいあり、太さは約1センチです。昔は鎌で切りましたが、堅いので鎌がすぐに切れなくなりますから、腰に砥石《といし》をぶら下げ、砥いでは刈っていました。ススキも頼まれて刈りますが、その時は稲を刈る鋸歯《のこば》で刈ります。この辺で茅といったら、ススキです。私は笹を笹茅、ススキを篠茅と呼び分けています。久美浜町では笹のことを茅と言い、地方によって呼び方が変わりますから。

笹を刈る場所は私有地ですか。共有地ですか。

地主にひとこと声をかければ、どこを刈ってもいいと思います。笹を刈ってもらったら、山の木のためにもなりますし嬉しいはずです。茅無尽がある頃でもどこの山でも刈っていました。笹が足りなくなったということはないと思います。笹以外にも麦藁も使ったりしていました。麦は米の裏作として作っていましたので量に不足はなかったんです。

どうしてススキに変わったのですか。

笹はススキに比べるともちが悪いんです。15年くらいしたら葉が悪くなりますのでその時に差せば、またしばらくもちますが、田舎では生活もかかっていますから、屋根の手入れはそう頻繁にはできません。30~40年経って雨が漏るようになってから差し茅をしているというのが実情です。ススキは昔どこの家でも飼っていた牛の餌料として刈られていました。牛を飼わなくなってススキが屋根に使えるようになりました。笹よりはススキの方が強いですから。

ススキは貴重品だったんですね。

昔は全部茅葺きの家は旧家の旦那さんの家だけでした。笹を刈る時期は決まっていて10月の半ばから11月いっぱいです。刈ってきてから干さなければなりませんが、この時期は天気が悪く思ったように乾きません。10日も放っておいたら腐って葉が赤くなり落ちてしまいます。葉が落ちてしまえば使い物になりません。昔は束にして稲木に掛けて干していました。雨の当たらないところに干しておいて、翌年の春から秋に使います。葺替えは片面ずつ行い、700~800貫(生の状態)の笹が必要になります。

## 笹は秋刈りの3年もの

最近は誰も笹を刈りませんから、山に行けばたくさん笹が雑木の下草として生えていま

家の壁で干されている熊笹の葉

す。植林された杉林には生えません。暗くて普通の草も生えんでしょう。クヌギなどの雑木は薪や炭にしていました。燃料にする雑木林と屋根に葺く熊笹を一緒に利用してきたのです。

笹は一度刈ったら3年は刈れません。元から刈ると新芽が出てきます。新芽も1年でけっこう伸びますが、若い笹で葺くと2、3年でべちゃっとしてしまいます。蚕さんが桑を食べる時にザーッという音がしますが、1年くらいの若い笹を使うと虫が同じような音をたてて笹の葉を食べつくしてしまいます。笹の葉は全体の3割くらいに付いています。棟に使う竹でも、若い竹を切ったらあきません。虫が喰って使い物になりません。笹は切り時が難しく、3年経った熊笹でも10月から11月に刈ったものでなければ虫が入ります。

葺く時には多少曲がっていても平気ですが、差す時には真っ直ぐなものを使います。笹を刈ってすぐに差す時には生でも構いません。差した後に乾いていきます。葺き替える時でも直ぐに屋根に使ってしまえば生の笹でも大丈夫ですが、その年に刈ってその年に葺くことができたらいいですが、1年では笹が集まりませんから、やはり乾かして保存しておかなければなりません。笹をとっておくためには充分乾燥させる必要があります。春になれば外に出しておいても7～10日でよく乾きますが、冬の間は気をつけなければなりません。

ススキは毎年刈りますから、そこは草と笹の違いですね。葺き方は茅と同じですか。

縫い竹に並べて押し鉾で押して、針と縄で縫います。要領はススキと同じです。違いは笹は逆葺《さかぶ》きだということです。笹は長いし、先端に葉が付いていますから、短く切ったものを混ぜ、調節しながら葺かないと葺き材の勾配がだんだんきつくなります。軒付けには

屋根のディテール

以前は麦藁を使っていました。1尺ほどの厚さに麦藁で軒付けをして、それから笹を葺き上げます。

隅が難しいんじゃないですか。

妻と平側で勾配が違いますから、調整しながら葺きます。隅は傾斜が緩いから下手すると葺いた時から雨漏りします。30年くらい経って、葉っぱが少なくなると、短い笹を差します。笹の屋根に笹を差すのはいいんですが、笹の中に茅を差すと笹が早く傷みます。混ぜたらあかんのです。

京都府の大宮町で笹葺きを見たんですが、その家は下が麦藁葺きで上に笹を差していましたが。

下を麦藁、上を笹ならいいんですが、混ぜると笹が負けます。茅に押されて笹の葉がペタッとくっ付いて腐ってしまいます。笹だけならふわふわとして通気性が良いので長持ちします。

雪や風にはどうですか。

雪には葺いて10年くらいはどうもありません。風には弱いです。台風が来ると葉っぱが飛んでしまいます。特に隅はめくれてしまいます。破風《はふ》は揃えるために葉っぱを切ってしまいますから、弱点になります。棟の頂部はやり違いにして笹で葺いたら笹で納めます。

この辺りには屋根屋さんはたくさんいたんですか。

50~60戸の村に2、3人いました。ここ奥小野は現在64戸です。村の屋根屋さんが村の屋根を直していました。葺替えの場合には親戚の人が来て手伝います。屋根屋が3人いたら、あとは手伝いがいれば葺けます。片側なら1日で葺けました。屋根葺きは素人でもで

京都府大宮町に残る笹葺きの民家

きます。垂木《たるき》が出る所までめくって下から葺いて上がります。垂木は丸木も竹も使います。垂木の裏側に横木があります。垂木の上に細かい縫い竹を横に置きます。縫い竹の上に笹を並べていきます。50、60センチの厚さに葉っぱを出して葺きます。葉っぱが落ちたら値打ちがありません。葉っぱがあるので雨が凌げます。

## 屋根葺き師の仕事を始める

どういうきっかけでこの仕事に入ったんですか。

兵庫県の出石町内におりました叔父に教えてもらいました。叔父も学校を出てからずっと屋根屋をしていました。ほとんど久美浜町で仕事をして、久美浜では但馬の秋葉といったら知らない人はいませんでした。私が18の年に終戦になり、すぐに叔父について習いました。20歳くらいから本腰を入れました。昔は4、5人で仕事に出ていましたが、仕事がありませんし、皆生活がかかっていますから職を変えていきました。私も仕事のない時には土建屋に頼まれて出たこともありますが、いよいよ私一人になったらする人がないので、いろいろな所に頼まれて出かけていきます。京都府の久美浜町、網野町、兵庫県の竹野町、豊岡市、村岡町、温泉町などに出かけます。

久美浜町は1万3千人くらい人口があって、40軒くらい茅葺きの家が残っていて、鉄板は被っていません。4、5年前までは笹でしたが、変わってしまいました。住人はほとんど年寄りですから、年金で屋根の手入れをするのは容易なことではありません。息子がいたらトタンで包むか、屋根を変えるか、家を建て替えてしまいます。

修理は1日で済むようにしてくれと言われます。私も安くはできても、ただにはできませんから、部分的に悪い所だけを直します。下の部分にはまだ笹が残っている状態で、縫いぶちを置いて縫っては差します。そうしないと雪で抜けてしまいます。私の家も去年家を建て替えましたが、その前は築400年くらいの笹葺きの家でした。

この家が笹葺きの時には毎年笹を刈っていましたか。

毎年1週間から10日は刈っていました。40、50貫くらいですか。それを差し茅します。乾かしてから屋根裏に上げておきました。直しだけならそれで充分でした。私の家は壊す前は2×3間の小さい家でした。笹は保存しておいて欲しい人に分けていました。笹を使う人もなくなりましたね。

昔は正月まで屋根葺きの仕事をしていました。年が明けると3月くらいから屋根の仕事に出ていました。いまでも7時には仕事場に行って、真っ暗になる5時半まで仕事をしています。出石町にも5、6軒草屋根があります。今日もさっきまで町内の茅葺きの屋根に上がっていました。いまの楽しみは屋根葺きと毎晩の晩酌での二合のお酒です。健康で仕事ができるのが一番です。この仕事があってこそです。

最後に笹葺きのよいところをひとつ。

笹という身近な材料で屋根を葺き、雨露を凌げ、なんといっても軽い笹の葉がさわさわと風に揺れて風情があるところでしょうか。

# 材料を選ぶより手入れ

石置き木羽葺き職人　鈴木　弘

鈴木さんは、板屋根として日本では最大の屋根面積を持つ新潟県関川村の渡辺家住宅の屋根を、親子二代にわたって守ってこられた木羽葺き職人の親方で、今日では日本の石置き屋根の葺替えができる数少ない職人の一人です。日本各地の文化財の石置き屋根の葺替え工事を一手に引き受けて、飛騨から北海道まで飛びまわってご活躍です。今日は、その石置き木羽葺きの技能とそこに隠された雨仕舞と耐久性の考え方をうかがいたいと思います。

鈴木　弘／すずき・ひろし
大正14年　新潟県・関川村生まれ
渡辺家の他に長野県堀内家住宅、曽根原家住宅、島崎家住宅などの修理工事をしている
『木の建築』7号（昭和62年12月）掲載

## 屋根屋の二代目

まず初めに、この仕事に就かれたきっかけからおうかがいします。

私の父親がやはり屋根屋で、私が二代目です。親父の代から渡辺家の出入りの屋根屋でした。大正10年頃に渡辺家の土蔵の救済工事があって、その工事からずっと私の家で渡辺家の屋根を葺いてきたと聞いています。私は高等小学校を出てすぐですから、満14歳で親父に弟子入りしました。

この地方では明治に入って建てられた民家はほとんど木羽葺きの石置き屋根で、どの村にもたくさんの屋根屋がいました。毎年4月に雪が消える頃から11月の初雪の頃まで7カ月が葺替えの仕事で、そのうちに屋根に登るのは120日くらいです。毎年、屋根の片面

①大割り　長さ一尺の杉丸太を八分割し、厚さ24ミリの柾目板を割る

②樹芯白太の部分を除く

ずつ、裏返しをやるのが一般的でした。その時に傷んだ板を差し替えるわけです。あとは木羽《こば》を割ったり、農作物も自家用に作っていますから、その仕事をします。冬は毎日、木羽割りです。

木羽割りと木羽を葺くのとでは、どちらが難しいのですか。

それは断然、木羽割りの方が難しい。つまり、木を見て大割りする時に、節の位置とか、年輪によって木羽が取りやすいようにするのが一番大事。大割りが悪いと木羽が割りにくく、品が悪くて、数が出ない。大割りが生命なんです。

小割りはある程度やれば割れるようになるけど、大割りは経験がものをいいます。ですから大割りは親方の仕事で、小割りは弟子でもできます。大割りは営業成績にすぐひびきます。いわゆる隠れ節というのがあって、木の目の塩梅《あんばい》を見ると、どこに隠れているかわかります。それを避けて鉈《なた》を入れないと大きな無駄が出ます。それでも歩留まりは白太も使って7割、赤味だけ使うと3割がいいところです。

木羽の材料は主として杉ですか。

信州辺りではさわらや栗を使いますが、この地方は杉です。70～80年以上の直径1尺3寸以上の木が油気が多くて、木羽としては最上です。材木屋でいいところだけ少々割高になっても買ってきます。

木羽というとコッパ、つまり端材という印象が強いのですがウソですね。杉の最上を使うのですね。

そうです。節があっては全然使い物になりません。

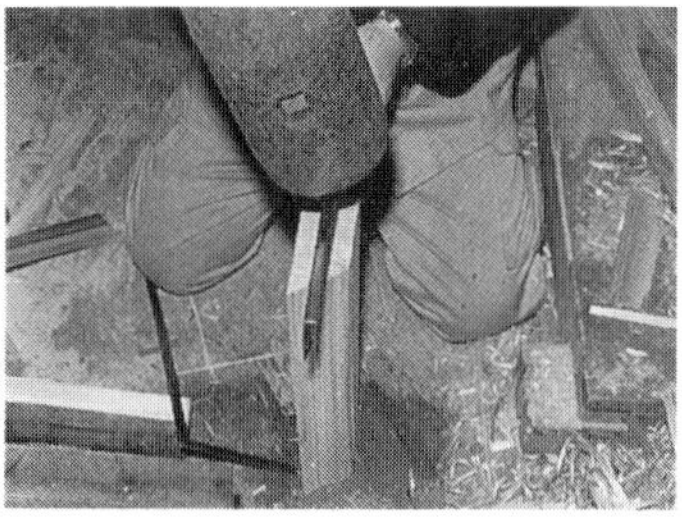

③小割り　大割りされた24ミリの板を二分割する

④二分割を4分割、4分割を8分割にして厚さ1分の木羽ができる

## 毛細管現象を起こさない手割りの木羽

ところで機械で割ってはだめですか。

全然だめです。天日にあたると、もうそっくり返って、暴れて使い物にならない。木の繊維が切れてますから。手で割れば繊維に沿って割りますので、そんなことはないんです。それに葺いた時に板と板がぴたっとくっ付いて空間が無いので、毛細管現象で水が中に吸い上がってしまうんです。手割りのものは適度に隙間ができて、水は上がりません。また、手割りしたものは雨水が玉になって木目に沿って流れ、水切れがいいんです。

繊維は天日にあたると反るわけだから、隙間ができてちょうど良いというわけではないんですか。

それはだめです。雨にあたると元に戻って平らになりますから。

そうすると木羽は必ず柾目割りですか。

杉は柾目でないと手割りできません。さわらは柔らかいので板目にも手割りできますから、板目にもとって数をあげます。また、杉は手割りでは長さが1尺5寸が限界ですが、さわらは3尺くらい平気です。それで杉木羽はこの辺りでは1尺程度。信州に行きますと、さわらを使いますから、その長さは3尺あります。木羽が短いと屋根勾配が急になり、信州では2寸5分くらいですが、ここでは3寸5分前後です。これ以上急になると石が地震で落ちてきます。新潟地震では渡辺家の石は一個も落ちませんでした。

渡辺家の石置き屋根の葺き方について教えてください。

昭和30年頃まで、渡辺家には蔵などの付属屋を含めると全部で７００坪の石置屋根がありました。そこへ４２００間《けん》の板を毎年新しく入れていましたから、坪当たり6間の木羽

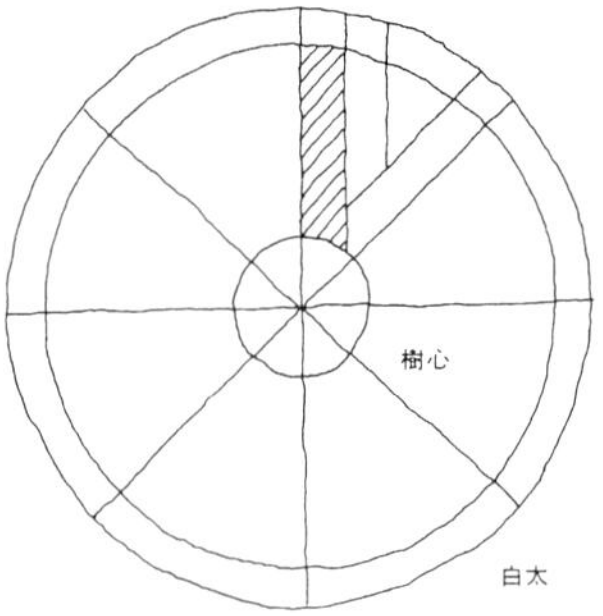


木羽の木取り

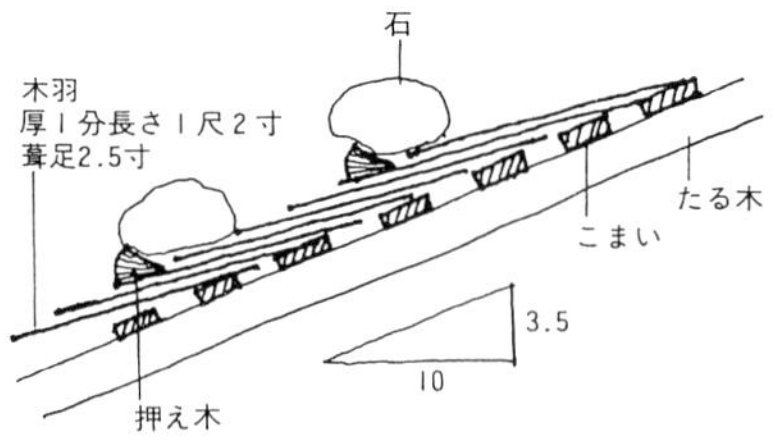


石置き木羽葺き屋根詳細（渡辺家住宅）

を差し替えていたことになります。全く新しく葺くと、坪当たり30間の木羽が必要ですから、毎年2割の木羽の差し替えで、雨漏りなしでなってきたんです。

毎年屋根をはいで補修するのですか。

そうです。屋根を半分に割って、片面は葺替えといって、石を全部取り除いてすべての木羽を裏返しにします。そして傷みのひどい木羽は新しい木羽に差し替えるわけです。残りの片面は掃き屋根といって、屋根に溜まった落ち葉やゴミなどを掃き落とすのです。この時、特に傷みのひどい木羽だけ差し替えます。

毎年2割差し替えるというと、単純計算すると木羽一枚は5年しかもたないということですか。

場所によって全然違います。日の当たらない所は乾かないので傷みが早いのは当然ですが、当たり過ぎてもよくない。つまり、真夏には石が日射で熱く焼けて、その熱で木羽が焼け、バリバリに乾いて油気が抜けてしまい、木羽の耐久力がずいぶん落ちます。それはすごい熱で、夏の夕立の後などは、焼けた石に当たった水の蒸気がもうもうとたち込め、まるでサウナ風呂です。

また、蔵や物置などは火を使いませんから、格段に傷みが早いんです。このように木羽の寿命は2年から10数年までとずいぶん開きがあります。これは白太も含めて使っていた当時の話で、いまのように文化財になってからは赤味だけを使えば、その2倍から3倍もつはずです。

手間はどのくらいかかるのですか。

屋根屋1人に助手1人で、1日6~8坪葺きます。７００坪とすると、親父と私と助手

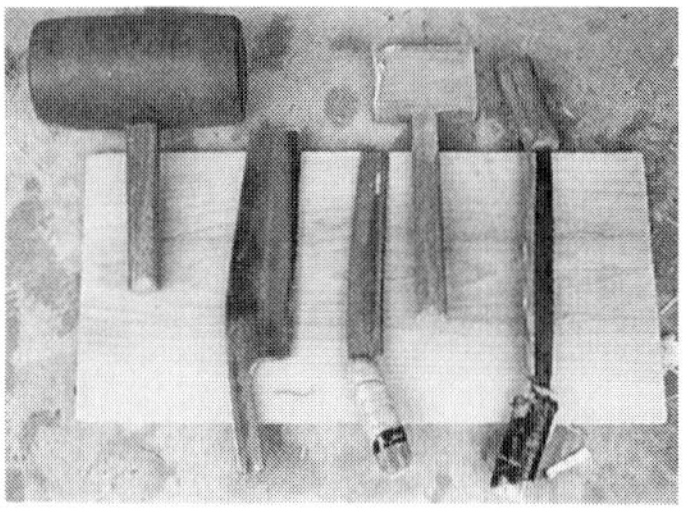

木羽づくりの道具／左から大割り槌、大割り鉈、小割り鉈、小割り槌、せん

２人で葺き替えだけで50日かかります。それに木羽割りは１日50間割りますから、それに約85人工かかります。おおまかに言って私と親父で計２００人工、渡辺家の屋根の葺替えにかかったことになります。

現在の渡辺家の屋根はいつ葺いたものですか。

昭和45年に全部さわらで葺替えました。そして、その次は昭和55年の葺替えで古材のさわらを半分使用し、残りは杉の赤味だけを使いました。このように文化財に指定されてからは、10年に一度の葺替えというやり方に変わりました。10年以下の葺替えは、修理工事として認められないようです。毎年修理するというのは、国の会計検査院の役人には全く理解できないことのようです。

このやり方ですと、杉の赤味だけを使っても10年ともたないんです。隔年の裏返しをやれば、白太を使ってもこのくらいはもつのです。手間は少しかかりますけど、トータルの費用からみたらずっと安くなるはずなのですが。

## 手入れを怠らず雨漏りを防ぐ

鈴木さんの後継者がいらっしゃらないと、今後渡辺家の屋根はどうなるのでしょう。

昭和35年の修理工事の時に、所有者の希望もあって瓦や銅板にしようとずいぶん検討したのですが、これだけ大きな屋根の雨漏りを防ぐのは石置き屋根以外ではなかなか難しい。そうなると小屋組を全部作り直す大工事で、また屋根がおそろしく高くなり、外観は全く違ったものになります。

屋根は平らに見えても、ずいぶんでこぼこしていて、雨水はその低い所に集まって流れ、

石置き木羽葺き屋根／新潟県関川村渡辺家住宅

それが雨漏りをおこすんです。銅板では雨水が横走りして、特にそれがひどい。渡辺家の本屋の屋根の一番流れの長い所で約10間あるんだけど、その軒先で集中豪雨の時は約3～4センチの厚さの雨水になる。それが風で横走りするんです。風がなければそう問題はないんです。瓦でも雨の日に見ていると、風が正面から吹くと、一瞬雨水がダムのようにせき止められて相当な高さになり、それが逆流して雨漏りをおこすんです。

その点、石置屋根は石が上手い具合に風除けになって水が実にムラなく流れるのがよくわかります。また、雨水はめったなことで横走りしません。

また、銅板のようなものでは雪止めが難しいんです。銅板はよく滑るので軒先に相当の雪の重みがかかり、いまのままでは下屋《げや》がもたない。また、雪止めにも相当の重みがかかり、その部分のはぜが必ずやられて雨漏ります。

**雪止めはつけないと、やっぱり恐いですか。**

それが雪が突然落ちてきて危ないということもありますが、雪は屋根の両面同時に落ちてくれないからね。もし片面の雪だけ一遍に落ちたとすると屋根の重さのバランスが崩れて潰れてしまうと思う。

**石置き屋根は雪降ろしの時じゃまにならないんですか。**

石は冬の間、凍りついて押え木で一体になっていて、スコップでつついたぐらいでは動きません。少し丁寧にやりさえすれば、そんなに問題はないんです。むしろ石がちょうどよい雪止めになっているんです。

いずれにしろ、この雪国でこれだけの屋根を雨漏りから防ぐのは相当大変なことです。とにかく材料を選ぶことよりも、手入れを怠らないこと、これが一番肝心なことなのです。

屋根の上で押え木を運ぶ鈴木弘さん

# あとがき

本書の元になっているのは、木造建築研究フォラムの会誌である『木の建築』に連載された巻頭インタビューの記事です。木造建築研究フォラムは１９８６年に木造建築の継承と発展を目指して設立され、15年間にわたって日本各地で公開フォラムを開催し、木造建築の抱える今日的な課題について、地域に即して、かつ幅広い視点から議論を重ねてきました。議論に加わった人々は、森林と木材及び木造建築に関わる技術者、研究者、行政関係者の他に、一般市民も加わり、専門分野を越えて活発な議論が交わされ、様々な問題提起がなされました。その成果は会誌『木の建築』全52号に収録されています。

この巻頭インタビューは、森林資源と木造建築を取り巻く、様々な分野の専門家に発言を求め、そこに木の文化再生の糸口を探ろうとした試みであります。そのなかで中心を占めたのは、木の文化を継承する各種の職人でした。公の場で発言することの苦手な職人に、できる限り発言の機会を設けたいという考えからでした。本書はこの巻頭インタビューのうち職人の技を尋ねたものを選び再編したものです。それは、結局のところ職人の後継者育成が日本の木造建築再生のカギとなっているからでもあります。

尋ねた職人の方々は、自らの仕事の将来に不安を抱きながらも、それぞれの仕事に誇りと情熱を抱く点においては全く変わるところがなく、その言葉はいつも心に深く響くものでした。職人は口が重いといわれますが、その現場を尋ねると、予想以上に自らの技につ

いて熱心に語ってくれたのは、それを何とか伝えたいという気持ちが強いからではないかと思われます。その意味で快く取材に応じていただいた職人の方々に、この場を借りて深く感謝申し上げます。また、その意を尽くせないところがあるとしたら、それは筆者の至らないところであります。

本書をまとめるにあたり、『木の建築』の編集に携わった、木造フォラム編集室の福島勲、小泉淳子両氏には、その企画から編集まで一貫して多大なご助力をいただきました。特に小泉氏には、元になった『木の建築』の巻頭インタビューのほとんどの取材に同行していただき、原稿のまとめにも御協力いただきました。ここに記して御礼申し上げます。

木造建築研究フォラムは2001年3月に、15年間にわたるその活動を終えましたが、その志はその発展的組織として、2001年4月に発足したNPO木の建築フォラムに受け継がれ、新たな活動を開始しました。本書は木造建築研究フォラムの活動を総括する事業のひとつであり、同時に新しいNPO木の建築フォラムの出発の礎ともなる出版ということができます。本書を手に取られ、木の文化に関心を抱く方や木の建築の発展を願う方の、木の建築フォラムへの積極的な参加を歓迎致します。

2002年9月

安藤邦廣

**●特定非営利活動法人　木の建築フォラム**
事務局／〒104－6204
東京都中央区晴海1－8－12　オフィスタワーZ 4F
電　話／03－5144－0056　FAX／03－5144－0057
メールアドレス／office@forum.or.jp　ホームページ／http://www.forum.or.jp/

【写真】
特記以外：安藤邦廣

【図版】
表　紙：「近世の文献に記された製材用道具（大鋸・前挽・臺切）」
『和漢三才図会』（寺島良安著、1712年）より
裏表紙：「19世紀の杣人具」
『木曾式伐木運材図会』（豊田禮彦著、1856～1857年）より

【著者略歴】
安藤邦廣　あんどう・くにひろ
1948年宮城県生まれ。九州芸術工科大学芸術工学部環境設計学科卒業。東京大学建築学科助手を経て、1998年より筑波大学芸術学系教授。民家の技術的研究と現代の木造建築の研究、設計に取り組む。『木の建築』編集長。
主な著書：『つくばの民家　つくば市古民家調査報告書』2002年３月・つくば市教育委員会、『住まいの伝統技術』共著・1998年３月・建築資料研究社、『現代木造住宅論』1995年２月・INAX出版、等。
主な設計作品：「田園都市の木の家」「森と共生するかたち－板倉の住まい－」「横手市立栄小学校」等。
主な受賞：日本建築学会奨励賞・1989年10月、福島県建築文化賞・1995年10月、とちぎ県産材木造住宅コンクール優秀賞・2001年３月、等。

建築 Library13

職人が語る「木の技」

発行日 ―――― 2002年12月20日　初版第一刷発行
2009年４月10日　　第二刷発行
特定非営利活動法人　木の建築フォラム編
著者 ―――― 安藤邦廣
編集室 ―――― ㈲建築思潮研究所　代表／津端　宏
編集／立松久昌、福島　勲、小泉淳子
〒130-0026　東京都墨田区両国4-32-16両国プラザ1004
TEL／03-3632-3236　FAX／03-3635-0045
発行人 ―――― 馬場栄一
発行所 ―――― ㈱建築資料研究社
〒171-0014　東京都豊島区池袋2-68-1日建サテライト館5F
TEL／03-3986-3239　FAX／03-3987-3256
印刷・製本 ―― 大日本印刷㈱

ISBN4-87460-777-2